ÉLÉMENTS

DE

ZOOLOGIE

(ANATOMIE ET PHYSIOLOGIE)

PAR

PAUL GERVAIS

Professeur à la Faculté des sciences de Paris

———

ÉDITION MISE EN RAPPORT

avec les programmes officiels de 1866

POUR L'ENSEIGNEMENT SECONDAIRE SPÉCIAL

(TROISIÈME ANNÉE)

PARIS

LIBRAIRIE DE L. HACHETTE ET Cie

BOULEVARD SAINT-GERMAIN, No 77

1868

ÉLÉMENTS

DE ZOOLOGIE

(ANATOMIE ET PHYSIOLOGIE)

DIVISION DE L'OUVRAGE

En rapport avec les **Programmes de l'Enseignement**
secondaire spécial[1].

1° NOTIONS PRÉLIMINAIRES (*première année, première partie*).

2° MAMMIFÈRES (*année préparatoire et première année, seconde partie*).

3° OISEAUX, REPTILES, BATRACIENS, POISSONS et ANIMAUX SANS VERTÈBRES (Articulés, Mollusques, Rayonnés et Protozoaires) (*deuxième année*).

4° ANATOMIE ET PHYSIOLOGIE DES ANIMAUX (*troisième année*).

5° ZOOLOGIE APPLIQUÉE A L'AGRICULTURE, A L'INDUSTRIE ET A L'HYGIÈNE (*quatrième année*).

1. Chacun des cinq volumes se vend séparément.

Les volumes 2 et 4 répondent au *Programme de l'Enseignement secondaire classique.*

9978 — Imprimerie générale de Ch. Lahure, rue de Fleurus, 9, à Paris.

ÉLÉMENTS

DE

ZOOLOGIE

(ANATOMIE ET PHYSIOLOGIE)

PAR

PAUL GERVAIS

Professeur à la Faculté des sciences de Paris

ÉDITION MISE EN RAPPORT

avec les Programmes officiels de 1866

POUR L'ENSEIGNEMENT SECONDAIRE SPÉCIAL

(TROISIÈME ANNÉE)

PARIS

LIBRAIRIE DE L. HACHETTE ET Cie

BOULEVARD SAINT-GERMAIN, No 77

—

1868

EXTRAIT DES PROGRAMMES OFFICIELS

DE

L'ENSEIGNEMENT SECONDAIRE SPÉCIAL

ZOOLOGIE.

(TROISIÈME ANNÉE.)

Notions sur les principaux phénomènes physiologiques.

Respiration. — Relation des animaux avec l'atmosphère. — Nécessité de l'air pour l'entretien de la vie. —Examen comparatif des phénomènes de la respiration et de la combustion. — Organes de la respiration : poumons, trachées, respiration des animaux aquatiques; branchies. — Mécanisme de l'inspiration et de l'expiration chez l'homme, le cheval, etc.

Sang. -- Notions sur le sang et sur ses usages physiologiques.

Manière dont ce liquide nourricier est distribué aux différentes parties du corps. — Artères, veines, cœur ; action de cet organe comme pompe foulante.

Explication du phénomène du pouls.

Digestion. — Notions sur la nature des aliments. — Rôle de la digestion. — Agents qui opèrent la digestion : 1º de la chair, etc.; 2º de la fécule, etc.; 3º des graisses.

Phénomènes mécaniques de la digestion. — Mastication. — Notions sur les dents. — Tube digestif et ses annexes.

Absorption, exhalation, sécrétions. — Absorption par les veines et par les vaisseaux lymphatiques. — Structure et usage des glandes.

Formation de la graisse. --- Circonstances qui influent sur ce travail.

Production du lait. — Composition chimique et propriétés de ce liquide. — Procédés pour en constater la falsification.

Résumé général sur les fonctions de nutrition.

Mouvements. — Notions sur le mécanisme des mouvements. — Charpente solide du corps. — Mode d'articulation des os.— Rôle des muscles. — Rôle des os comme leviers.

Sensibilité. — Organes de la sensibilité ; — nerfs et parties centrales du système nerveux ; — fonctions de ces organes.

Du toucher ; — structure de la peau.

Du goût ; — conditions nécessaires pour la perception des saveurs ; — influence réflexe des sensations de cet ordre sur la production des agents digestifs.

De l'odorat ; — conformation de l'appareil olfactif.

De l'ouïe ; — structure de l'appareil auditif ; transmission des sons ; — rôle du pavillon de l'oreille, du tympan, de la caisse, etc., dans l'audition. — Indication de diverses causes de surdité.

De la vue ; — structure du globe de l'œil ; — conditions de la vision distincte ; — marche des rayons lumineux dans l'intérieur de l'œil ; — rôle de la pupille et de la choroïde ; — yeux des albinos ; — myopie et presbytisme ; — diverses causes de cécité ; — organes moteurs et protecteurs de l'œil ; — usage et production des larmes.

Coup d'œil sur les principales différences physiologiques qu existent entre les diverses classes d'animaux.

TABLE DES MATIÈRES.

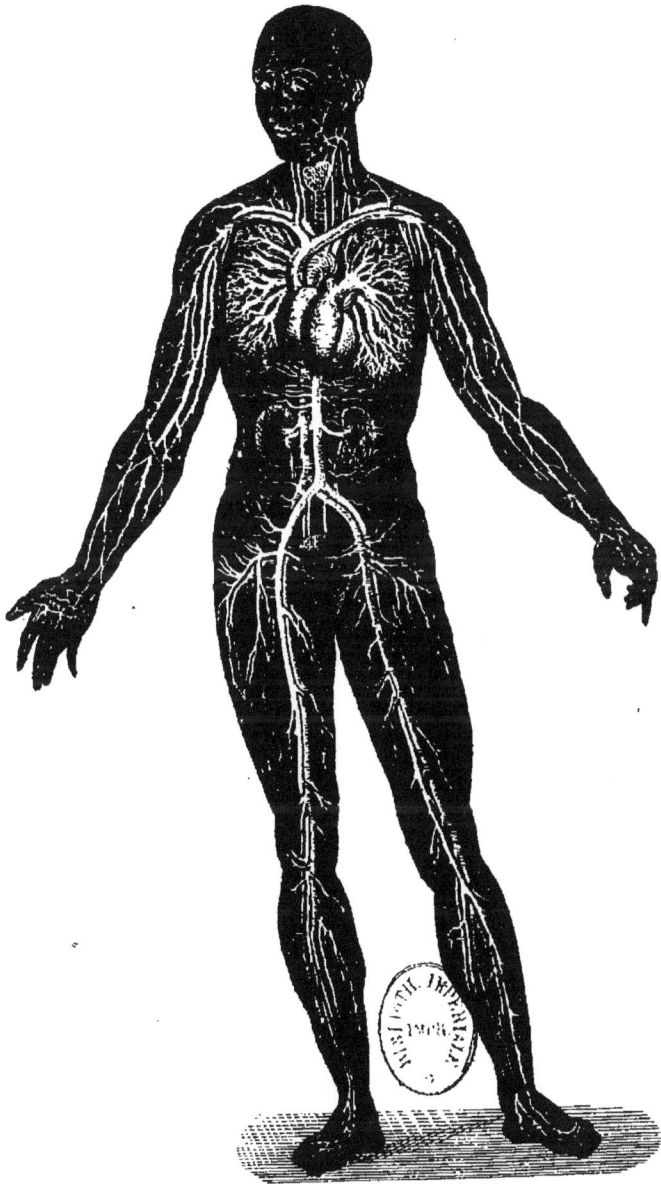

CIRCULATION DU SANG.

(Cœur, Poumons, Artères et Veines)

ANATOMIE

ET

PHYSIOLOGIE ANIMALES

CHAPITRE I.

APERÇU GÉNÉRAL SUR LES PRINCIPAUX PHÉNOMÈNES VITAUX ET SUR LES ORGANES QUI LES PRODUISENT.

On appelle *fonctions* chez les êtres organisés l'ensemble des actes que ces êtres accomplissent et qui constituent leurs propriétés distinctives en même temps qu'ils assurent leur existence au sein de la création, et l'on donne le nom de *Physiologie* à la branche des sciences naturelles qui nous fait connaître ces différentes manifestations de la vie. Quant aux instruments vitaux, c'est-à-dire aux *organes* qui servent à l'accomplissement des fonctions, leur étude constitue l'*Anatomie*. C'est par l'anatomie que nous nous faisons une idée de la conformation des animaux ou des plantes ; elle compare entre eux les différents organes envisagés dans la série des espèces ou dans chaque espèce prise en particulier, et apprécie l'importance de chacun d'eux au sein de l'économie, ainsi que le rôle qu'il y accomplit. L'anatomie est donc inséparable de la physiologie, puisqu'elle nous montre le mécanisme de la vie ; elle est aussi la base principale de la classification naturelle, car c'est sur ses indications que nous réussissons à distinguer les uns des autres les différents groupes propres à chaque règne, et que nous jugeons des affinités respectives de leurs espèces. Sous ce double rapport son importance ne le cède en rien à celle de la physiologie elle-même.

Absorption. — La propriété la plus générale des corps doués de la vie, après celle inconnue dans son essence qui les soustrait à l'inertie caractéristique des corps bruts, est l'*absorption*. Pour vivre, s'accroître et exercer leurs différentes fonctions, les animaux et les végétaux doivent se procurer des matériaux nouveaux, qu'ils tirent du monde extérieur. Ces matériaux constituent les aliments, et c'est par le moyen de l'absorption qu'ils sont introduits dans l'économie. Des substances salines, des gaz et des principes immédiats, entrent à tout instant dans le corps des animaux ou en sont rejetés, après y avoir subi certaines modifications en rapport avec les besoins de la vie et l'accomplissement de ses fonctions diverses. La vie ne s'entretient qu'au moyen de ces matériaux et son activité est dans un rapport constant avec la consommation qu'elle en fait.

La propriété d'absorber, propriété caractéristique de tous les êtres vivants, est facile à démontrer chez les espèces les plus parfaites du règne animal comme chez les plus simples. Les empoisonnements par la respiration, par la peau ou par le tube digestif, nous en fournissent chaque jour des preuves aussi bien que les phénomènes ordinaires de la respiration et de la digestion. L'expérience suivante rendra compte de la manière dont se passent les phénomènes de cet ordre.

Si l'on tient un animal quelconque, soit une grenouille, plongée par ses extrémités inférieures dans une solution de prussiate de potasse, il y a absorption de cette substance à travers la peau et elle circule bientôt dans les autres parties du corps, de manière qu'après quelques instants toutes en sont imprégnées. Que l'on touche alors avec une baguette de verre chargée de perchlorure de fer la langue, les yeux ou quelque autre région n'ayant pas participé au bain de prussiate de potasse, il s'y formera aussitôt des taches noires par le précipité d'une certaine quantité de prussiate de fer, résultant de la réaction du premier de ces sels sur le second. Ces taches sont une preuve irrécusable de la diffusion dans toute l'économie du liquide absorbé par les pattes de derrière. Le sang s'en est chargé et il en a répandu dans tous les organes.

Des phénomènes analogues se passent dans toutes les parties de l'économie, aussi bien à la surface externe du corps que dans ses différentes cavités ou dans l'intimité des parenchymes. Les cellules elles-mêmes dont l'organisme est en grande partie formé, sont le siége de semblables actions.

Le fait encore inexpliqué de l'absorption propre aux êtres vivants a été désigné sous le nom d'*osmose*, et l'on appelle *osmotiques*, les phénomènes qui en dépendent. Ce nom est tiré d'un mot grec (*ôsmos*) qui signifie passage ou action de pousser, parce que l'absorption s'opère essentiellement à travers les membranes organiques, telles que la peau ou membrane cutanée. Les muqueuses, les séreuses, et les enveloppes des cellules constitutives des tissus sont aussi des surfaces à travers lesquelles il se fait un semblable échange de liquides.

On démontre aisément les phénomènes de cet ordre, au moyen d'un petit appareil facile à établir, que l'on nomme *osmomètre* ou *endosmomètre* (fig. 1).

Les phénomènes dont il s'agit jouent un grand rôle dans la physiologie, quel que soit le groupe d'êtres organisée que l'on examine, et un nombre considérable d'actes vitaux dépendent des différentes manières dont l'absorption s'exécute. Leur étude n'est pas moins utile à la connaissance des maladies ou à la guérison de ces dernières qu'à l'explication des fonctions envisagées dans l'état de santé. C'est à un savant français, nommé Dutrochet, que l'on doit en grande partie la connaissance de l'osmose.

Un chimiste anglais, M. Graham, a dernièrement indi-

qué le moyen de tirer parti de la propriété osmotique des
membranes pour la séparation des substances qui consti-

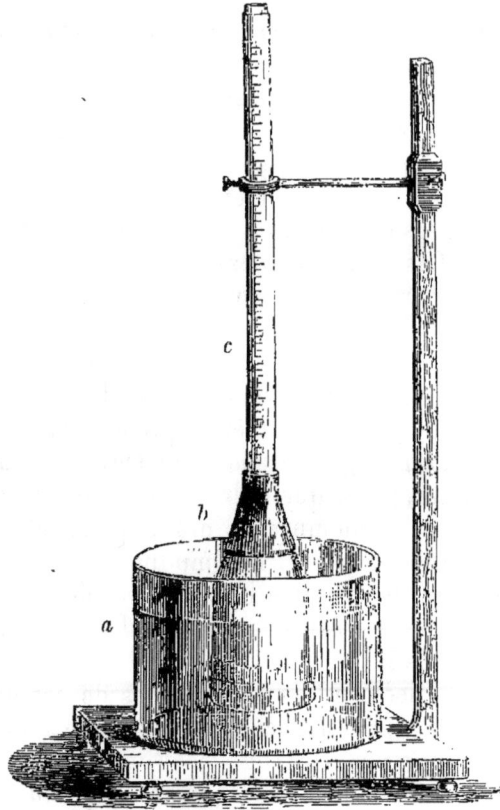

FIG. 1. — *Endosmomètre.* = *a*) vase rempli d'eau ; — *b*) récipient, rempli
de gomme ou de sucre. Sa partie inférieure a été fermée par une membrane
à travers laquelle s'opérera le phénomène osmotique, et la partie supérieure
garnie d'un tube béant *c*. Le liquide s'élève dans ce tube par suite de l'absorption d'une certaine quantité d'eau échangée contre du sucre ou de la
gomme du récipient.

tuent les différents liquides de l'organisme, et il a ima-
giné, sous le nom de *dialyse*, un procédé d'analyse fort
commode dans certains cas. Il a montré qu'on pouvait par-

tager les substances solubles en deux classes, celle des corps qu'il nomme *cristalloïdes* et qui sont doués d'une grande solubilité, et celles dites *colloïdes* ou analogues à la colle, au gluten et à l'albumine, lesquelles n'ont ni le caractère cristallin ni la solubilité prononcée des autres. Les substances cristalloïdes passent à travers la membrane du dialyseur qui est faite en papier parcheminé et les substances colloïdes restent au-dessous. On arrive par là à une séparation presque aussi complète que si, dans un autre mode bien connu d'analyse, on soumettait à l'action de la chaleur un mélange de substances volatiles et de substances fixes pour séparer les secondes d'avec les premières.

Diversité des fonctions des animaux. — La faculté d'absorber et d'exhaler, c'est-à-dire le pouvoir qu'ont les tissus d'emprunter au monde extérieur les particules chimiques nécessaires à l'organisme, et de rejeter celles qui leur sont devenues sans utilité, suffirait, dans certaines circonstances, à l'entretien de la vie, et elle est, avec la faculté de produire de nouveaux individus destinés à continuer l'espèce, la principale manifestation vitale des êtres les plus simples appartenant à l'un et à l'autre règne. Il s'en faut cependant de beaucoup que tous les végétaux et tous les animaux restent dans une condition aussi inférieure. La nutrition, réduite chez les espèces placées au bas de l'échelle organique, aux seuls actes physico-chimiques de l'absorption et de l'exhalation, s'opère d'une manière d'autant plus compliquée qu'on l'étudie dans des plantes ou des animaux plus parfaits, et de nombreux actes physiologiques, exécutés par autant d'organes distincts, interviennent alors pour en assurer l'accomplissement. La chimie et la physique ne sont pas toujours en état d'en expliquer entièrement la nature; mais le secours de ces deux sciences et l'emploi simultané de l'observation, ainsi que de l'expérimentation, ont déjà permis de comprendre bien des phénomènes physiologiques que leur complexité avait autrefois rendus inexplicables.

Classification des fonctions. — A mesure que les

fonctions se multiplient et se compliquent par le fait d'une sorte de division du travail physiologique, le nombre des organes est aussi plus considérable et leur structure est plus parfaite. C'est ainsi que l'organisme et ses actes se perfectionnent concurremment; mais de même qu'il est oiseux de discuter si c'est l'organisation qui fait la vie ou la vie l'organisation, de même aussi il semble au premier abord difficile d'établir si la complication plus grande des organes est la cause de celle des fonctions ou si elle en est au contraire l'effet. Ces questions doctrinales n'ont d'ailleurs aucune importance pour les problèmes que nous avons à traiter ici; nous nous bornerons donc à énumérer les diverses fonctions propres aux animaux, nous réservant de faire connaître leurs principales particularités anatomiques et physiologiques dans les chapitres qui vont suivre, en montrant comment à des organes plus parfaits correspondent toujours des actes physiologiques plus élevés.

Un premier ordre de fonctions comprend celles de la *nutrition*, qui sont plus particulièrement destinées à l'entretien de la vie individuelle, et se divisent en *digestion, circulation, respiration* et *urination* ou sécrétion urinaire. C'est à propos de ces fonctions qu'il sera question de la chaleur des animaux.

Un second ordre est celui des *fonctions de reproduction*, ayant pour but non plus d'entretenir l'existence des individus, mais de leur donner les moyens de propager leur espèce et d'en assurer la continuation en vue de leur propre disparition Ces fonctions et celles de l'ordre précédent ne sont pas spéciales aux animaux; les végétaux les possèdent également. Elles constituent donc des propriétés communes à tous les êtres vivants; on les appelle quelquefois fonctions végétatives.

Le troisième ordre comprend les *fonctions de relation*, qui sont spéciales aux animaux et leur donnent le moyen de connaître leurs rapports avec le monde extérieur et de les modifier au besoin. Ce sont la *sensibilité*, comprenant l'innervation et les sensations, et la *locomotion*, ou propriété qu'ont les animaux de se mouvoir. Comme ces êtres vivants sont les seuls qui les possèdent, on les a aussi appelées fonctions animales.

Comparaison des organes de l'homme avec ceux des animaux. — L'anatomie, en comparant les organes de l'homme avec ceux des animaux, se propose un double but : elle cherche à constater les ressemblances que ces organes offrent entre eux ou les dissemblances qui les caractérisent ; elle essaye en outre d'en connaître le caractère réel et pour ainsi dire la nature propre. La structure du corps humain devient ainsi moins difficile à comprendre et l'on acquiert par cette méthode une idée plus exacte des fonctions qu'il accomplit.

Il y a, comme on le sait, plusieurs manières d'étudier les organes. On établit, par exemple, quelle est leur disposition particulière dans l'espèce soumise à l'observation et quels sont leurs usages dans cette même espèce, c'est-à-dire leur mode de participation aux phénomènes de la vie. Ce premier résultat obtenu, on recherche si chacun de ces organes de l'homme ou de tel ou tel animal ne se retrouve pas chez d'autres espèces, et dans le cas où on l'y observe, on établit sous quelle forme il y existe et quelles sont ses fonctions ; on cherche également à apprécier les rapports de similitude qu'ont entre eux les différents organes de chaque animal envisagé isolément et l'on établit la classification de ces organes par catégories distinctes, absolument comme on établit d'autre part la classification naturelle des espèces. Cette étude a conduit à des résultats importants.

CHAPITRE II.

DE LA NUTRITION EN GÉNÉRAL; FONCTIONS ET ORGANES PAR LESQUELS ELLE S'EXÉCUTE.

De la nutrition en général. — Bien différents des corps bruts dans leur mode d'existence, les êtres organisés ne subsistent qu'à la condition de s'assimiler incessamment, soit pour s'accroître, soit pour remplacer les particules qu'ils perdent par l'exercice de l'activité spéciale dont ils sont doués, de nouveaux matériaux qui servent ainsi d'*aliments* à la vie. Ils se débarrassent en même temps de ceux de leurs propres matériaux qui sont devenus inutiles à l'exercice des fonctions et dont quelques-uns pourraient même leur devenir nuisibles, à cause des modifications qu'ils ont subies. C'est donc à la condition de se maintenir dans un état constant d'échanges avec le monde extérieur que ces êtres continuent à vivre, et lorsqu'ils se sont séparés des parents qui leur ont donné naissance, ils doivent pourvoir eux-mêmes à leur propre subsistance, ce qui donne aux fonctions de nutrition un nouveau degré d'utilité.

Si, comme cela a lieu dans les premiers temps de leur vie individuelle, la somme de leurs acquisitions dépasse celle des pertes qu'ils éprouvent, il y a accroissement de la masse totale de leur corps. La balance exacte entre le gain et la dépense caractérise dans un autre âge l'exercice régulier des fonctions; mais il arrive toujours, après un certain temps, que des troubles fonctionnels et l'altération des in-

struments de la vie, c'est-à-dire des organes, font tomber
chaque individu dans une sorte d'état de langueur et le
conduisent à la décrépitude par le ralentissement naturel
de ses fonctions. La mort est la conséquence plus ou moins
prochaine, mais fatale, de ce nouvel état de choses.

On appelle *fonctions de nutrition* l'ensemble des actes
physiologiques qui concourent à l'accroissement des corps
vivants et entretiennent les organes dans un état permanent
d'activité. Ces différents actes et les instruments qui les
accomplissent peuvent être groupés dans plusieurs catégories secondaires, qu'il est convenable d'étudier séparément.

Ainsi chez les êtres organisés les plus simples, tels que
les animaux et les végétaux de structure purement cellulaire, tous les actes nutritifs se réduisent à des phénomènes osmotiques (absorption et exhalation), dont ces cellules sont le siége. Il n'y a pas, chez eux, d'organes
particuliers pour les différentes fonctions dans lesquelles la
nutrition se divise au contraire chez les êtres plus parfaits.
L'échange des liquides et celui des gaz nécessaires à l'entretien de la vie ou rejetés par elle s'opère ici à travers les
seules parois des cellules.

Toutefois il n'en est pas ainsi dans la très-grande majorité des animaux, et si leurs éléments histologiques exécutent séparément des phénomènes comparables à ceux qui
suffisent aux espèces les plus simples, espèces que l'on
peut comparer à leur tour à des cellules vivant isolément
et constituées en autant d'invidus, l'ensemble de leur corps
se compose d'organes qui exercent des fonctions à part,
souvent très-diverses, dont chacune concourt d'une manière
particulière à l'exercice de la vie. Le travail nutritif se
trouve ainsi subdivisé et réparti entre plusieurs systèmes
d'organes différents les uns des autres, exécutant séparément une partie des fonctions dévolues à l'être lui-même,
et c'est de l'ensemble de ces fonctions combinées entre
elles que résulte la vie de celui-ci. Cet ensemble acquiert
une grande complication chez l'homme (fig. 2), ainsi que

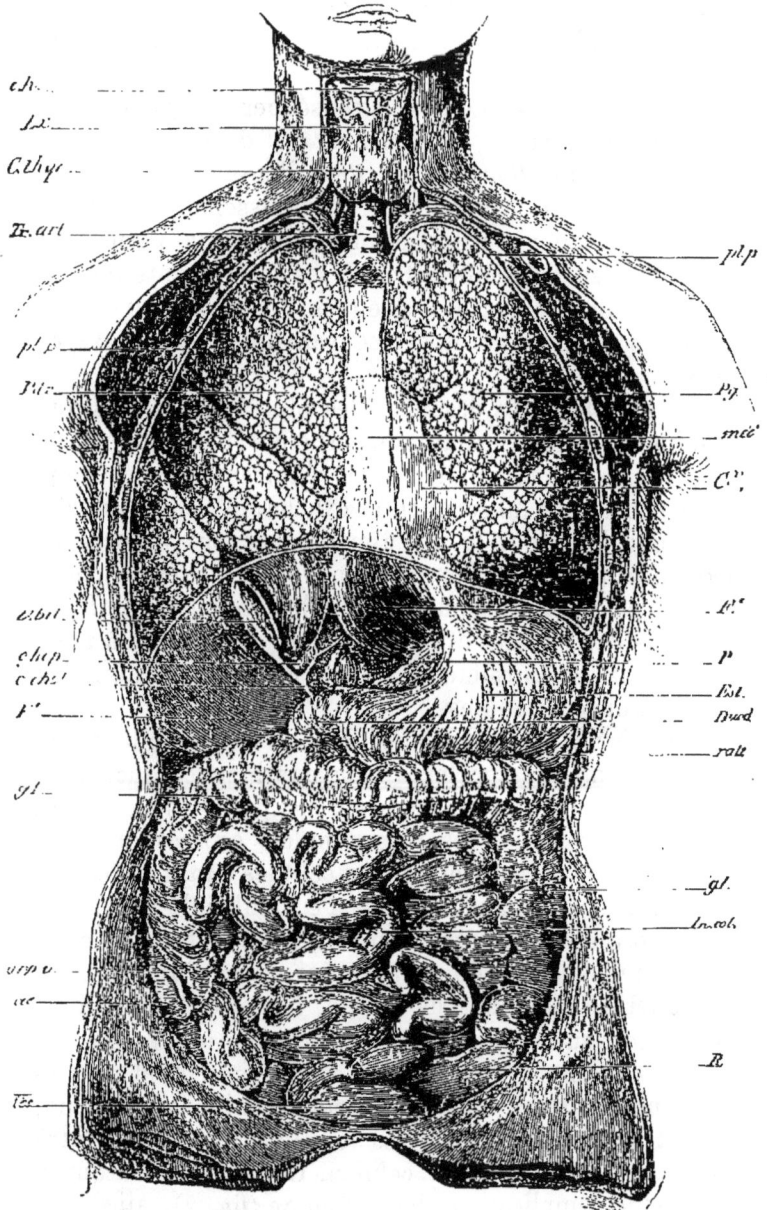

Fig. 2. — Principaux viscères contenus dans les cavités thoracique et abdominale et parties annexes.

oh) Os hyoïde ; — *Lx*) larynx ; — *C. thyr.*) le corps thyroïde recouvrant en partie le larynx ; — *Tr. art.*) trachée-artère et sa division en bronches ; — *pl. p.*, *pl. p.*) plèvre pariétale ; —*P.dr.*) poumon droit ; — *P.g*) poumon gauche : — *méd.*) médiastin et séparation des deux plèvres ; — *Cr.*) péricarde ou enveloppe du cœur ; — *Fe*) foie, renversé en haut pour montrer sa face concave ou profonde ; — *c.hép.*) canaux hépatiques ; — *V. bil.*) vésicule biliaire ; — *c chol.*) canal cholédoque ; — *P*) pancréas ; — *Duod.*)duodénum ; — *Rate :* — *In*) portion de l'intestin grêle ; — *c*) cœcum ; — *app.v.*) appendice vermiforme du cœcum ; — *gi.gi.*) gros intestin : colon ascendant, colon transverse et colon descendant ; *R*) rectum ; — *Ves.*) vessie urinaire.

chez les animaux qui se rapprochent le plus de lui. Dans ce cas, cependant, la vie des cellules élémentaires dont les parenchymes organiques sont formés n'est pas moins facile à constater que dans les espèces chez lesquelles l'organisme conserve à tous les âges sa simplicité primitive.

Dans les animaux, les intestins (fig. 3 et 4) sont plus spécialement chargés de l'élaboration des aliments. Ils en tirent des matériaux utiles à l'accroissement des différentes parties ou au renouvellement des éléments qui les constituent. D'autres parties exécutent le transport, depuis ces intestins jusqu'aux organes circulatoires proprement dits, de matériaux que la digestion a séparés des aliments, et la fonction des vaisseaux sanguins est particulièrement de porter dans les différentes régions du corps le sang nécessaire à l'activité des organes, aux sécrétions diverses, etc., ou de le conduire à des organes encore différents des précédents, qui lui permettent d'échanger son acide carbonique contre de l'oxygène, ou de se débarrasser, par la sécrétion urinaire, de l'excédant des principes azotés qui s'y sont accumulés. De là plusieurs séries de fonctions et concurremment aussi plusieurs séries d'organes, qui demandent, pour être bien compris, un examen particulier.

Division des fonctions nutritives et de leurs organes en plusieurs groupes principaux. — On donne le nom de *digestion* à l'action exercée par les animaux sur les aliments, soit solides, soit liquides, que ces êtres se procurent pour subvenir aux besoins de leur nutrition.

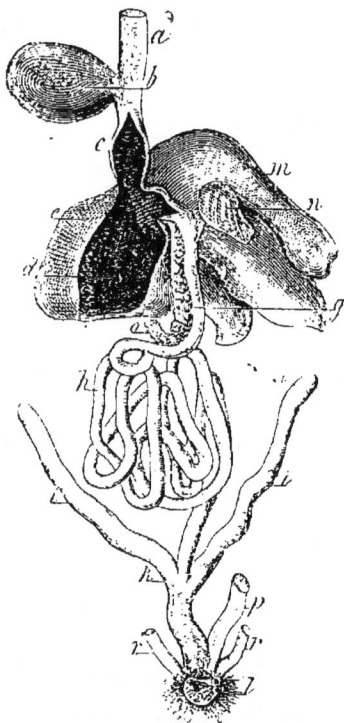

Fig. 3. — Appareil digestif de la *Poule.*

a) partie inférieure de l'*œsophage* : — *b; jabot;* — *c)* ventricule succenturie. — *d) gésier:* — *e)* sa paroi musculaire ; — *g) duodénum;* — *h) intestin grêle ; — ii)* les deux *cœcums;* — *k)* commencement du *gros intestin ;* — *m) foie,* rejeté à gauche; — *n)* sa vésicule biliaire; — *o) pancréas.*

On a aussi représenté la partie inférieure de l'oviducte (*p*), et celle des *uretères (rr)* pour montrer l'ensemble des parties qui aboutissent au cloaque (*l* avec le rectum.

Chez le plus grand nombre, la digestion a lieu dans le canal digestif ou tube intestinal, qui se partage dans beaucoup de cas en une suite d'organes dont la disposition et les principaux caractères varient d'ailleurs avec le régime spécial des espèces et le rang qu'elles occupent dans

l'échelle zoologique. C'est donc par l'étude de la digestion que l'on doit commencer celle des fonctions de nutrition, puisqu'elle fournit les matériaux que l'organisme
devra consommer.

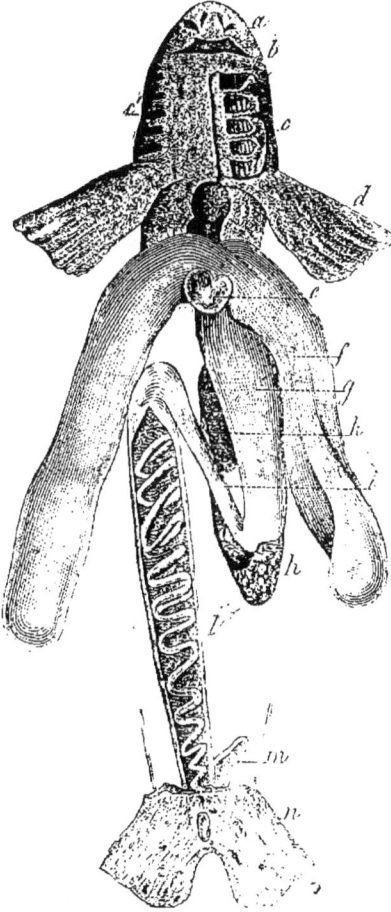

FIG. 4. — Viscères nutritifs d'un *Squale* du genre *Roussette.*

a) narines; — b) bouche; — c c') branchies et fentes branchiales; — f) portion gauche du foie: la portion droite ne porte pas de lettre; — e) vésicule biliaire; — g) estomac; — h) rate; — k) pancréas; — i) intestin, ouvert pour
montrer sa valvule spirale; — m) cœcum; — n) anus; — d) le cœur.

La *circulation* qui en est la conséquence, reçoit ces matériaux nutritifs, devenus assimilables, pour les ajouter à la masse du fluide nourricier, c'est-à-dire au sang. Elle a aussi pour but de promener ce liquide dans toutes les parties du corps et de ramener des différents organes dont ce dernier est formé, les matériaux inutiles ou viciés dont sans cette opération ils resteraient engorgés au préjudice de la vie. Son rôle est par conséquent multiple. Aussi at-elle à sa disposition des organes de plusieurs sortes : les vaisseaux chylifères, les vaisseaux artériels, les vaisseaux capillaires, les vaisseaux veineux, le cœur et les vaisseaux lymphatiques.

Deux autres fonctions essentielles à la nutrition s'ajoutent à la digestion et à la circulation. Ce sont la *respiration* et la *sécrétion urinaire*. L'une et l'autre opèrent l'épuration du sang qui a servi à la nutrition et le débarrassent des principes inutiles dont il s'est chargé pendant son passage à travers les tissus. Ces principes résultent en partie de la combustion, à l'aide de l'oxygène du sang, du carbone entrant dans la composition des substances organiques dont l'économie est formée; de là vient que le sang est dans une portion de son trajet chargé d'une quantité notable d'acide carbonique. Les autres principes du sang vicié par l'activité vitale ont pour origine la transformation des substances quaternaires en urée ou en acide urique, c'est-à-dire en une substance qui va bientôt se résoudre en eau, en acide carbonique et en ammoniaque.

Des organes spéciaux sont presque toujours chargés de l'accomplissement de ces deux fonctions, respiratrice et urinaire, qui se complètent l'une par l'autre.

Dans les organes respiratoires (poumons, branchies ou trachées) s'opère l'échange de l'acide carbonique dont le sang s'est chargé, contre une nouvelle quantité d'oxygène nécessaire à l'entretien des fonctions; l'élimination de l'urine a lieu par l'intermédiaire des reins et au moyen d'une sorte de filtration du sang à travers ces organes.

De l'activité plus ou moins grande des fonctions nutritives résulte celle de la vie, et la complication des organes qui les accomplissent est toujours en rapport avec celle des systèmes d'organes affectés aux fonctions de relation.

Dans les espèces supérieures, plus particulièrement les mammifères et les oiseaux, l'exercice de la nutrition est accompagné de la production d'une quantité notable de chaleur, dont le degré reste à peu près fixe pour chaque espèce ; c'est ce que l'on a appelé la *chaleur animale*.

Les combinaisons chimiques et les réactions diverses qui s'accomplissent sous l'influence de la vie chez les animaux à température élevée, ou animaux à sang chaud, sont au nombre des causes principales auxquelles est due cette production du calorique.

Chez les animaux supérieurs les organes principaux de la nutrition sont placés dans la cavité thoraco-abdominale (fig. 5), laquelle est soutenue par une sorte de cage osseuse destinée à les protéger et susceptible de mouvements qui servent à la respiration. Ces organes forment différents viscères. On a pu se faire une idée exacte de leur disposition chez l'homme par la figure 2 qui les représente presque tous dans leur situation naturelle.

Ce sont : les poumons, enveloppés dans une membrane séreuse appelée plèvre ; le cœur, dont la séreuse propre a reçu le nom de péricarde ; l'estomac communiquant avec la bouche par l'œsophage ; l'intestin grêle, qui commence par le duodénum ; le gros intestin, qui se termine par le rectum, et différents amas glanduleux dont l'un surtout a un volume considérable ; c'est celui qui constitue le foie.

Les poumons et le cœur sont l'un et l'autre enfermés dans le thorax et ils sont séparés des viscères spécialement digestifs (estomac, intestins, foie) par le diaphragme qui forme une cloison transversale de nature musculaire, tendue entre la poitrine et l'abdomen. Les mouvements du diaphragme et ceux des muscles propres à la cage thoracique (intercostaux, etc.) ont un rôle important dans le mécanisme de la respiration.

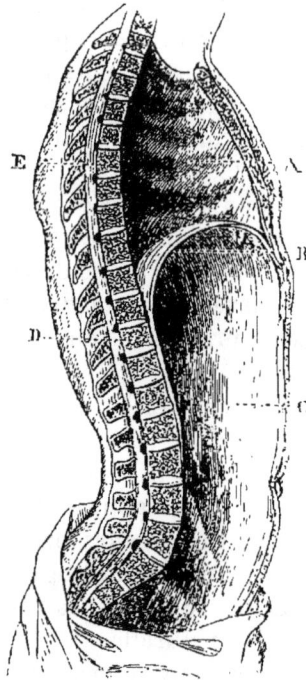

Fig. 5. — Les cavités thoracique, abdominale et rachidienne, après l'enlèvement des viscères qu'elles renferment (section verticale suivant le plan médian du corps).

A) cavité thoracique, tapissée par la partie pariétale de la plèvre ; — B) le diaphragme, plan musculaire séparant la cavité thoracique de la cavité abdominale ; — C) cavité abdominale, tapissée par la partie pariétale du péritoine ; — E) le canal rachidien; — D) les vertèbres et leurs apophyses épineuses, traversées par le canal rachidien.

A ces différents organes s'ajoutent les reins, placés en dehors du péritoine, ainsi que le reste de l'appareil urinaire, dont une seule partie, la vessie, se trouve représentée dans la figure à laquelle nous renvoyons.

CHAPITRE III.

DE LA DIGESTION.

Coup d'œil général sur cette fonction. — Aliments et conditions de l'alimentation. — La digestion a pour principal objet de fournir à l'économie animale de nouveaux matériaux destinés à remplacer ceux qu'elle consomme par l'exercice de sa propre activité. Elle subvient à une grande partie des dépenses de la vie, et, comme le sang a pour ainsi dire la responsabilité de cette dépense, c'est dans ce liquide que sont versés les produits assimilables que la digestion tire des aliments. Ceux-ci, à leur tour, sont empruntés au monde extérieur par l'animal lui-même, soit aux végétaux, soit à d'autres animaux.

Les différentes espèces ont recours, pour se procurer les aliments nécessaires à leur entretien, à des ruses souvent fort ingénieuses, et qui nous montrent la variété infinie des ressources mises par la nature à la disposition des animaux. Ces ruses sont on ne peut plus variées. Les organes qui servent à la préhension des aliments présentent en outre de très-grandes différences, suivant les genres chez lesquels on les étudie ou les actes qu'ils sont destinés à accomplir; aussi est-ce une étude des plus intéressantes que celle des procédés employés par les différents animaux pour se procurer leur nourriture.

I

Alimentation.

Aliments. — A en juger par les formes si diverses et si
variées sous lesquelles elle est recueillie, la nourriture pré-
senterait elle-même de bien grandes différences, suivant
qu'elle est tirée du règne végétal ou du règne animal, ou
encore de telle ou telle classe de chacun de ces deux règnes.
Il y a des espèces qui ne vivent que de végétaux, et parmi
elles on en distingue qui mangent presque uniquement des
feuilles : ce sont les *herbivores* proprement dits. D'autres
préfèrent les racines, les écorces, les fruits ou les graines.
On nomme *frugivores* les animaux qui se nourrissent plus
particulièrement de fruits ; ceux qui ne vivent que de graines sont dits *granivores*.

Parmi les animaux zoophages, ou qui mangent des matières animales, on distingue aussi plusieurs catégories :
les *carnivores*, surtout avides de la chair des mammifères
et de celle des oiseaux ; les *piscivores* ou ichthyophages,
s'attaquant aux poissons ; les *insectivores*, qui ne mangent
que des insectes.

Enfin, les animaux qui se nourrissent indifféremment de
substances animales et de substances végétales sont appelés
omnivores. L'homme ou d'autres espèces de mammifères,
telles que l'ours, le chien, le porc, sont dans ce cas.

A chacun de ces régimes correspond une conformation
particulière des organes digestifs. On constate en effet
que le canal intestinal des herbivores est beaucoup plus
long et beaucoup plus compliqué dans ses différentes parties que celui des carnivores ; les dents présentent aussi
une conformation particulière suivant que l'animal se
nourrit de chair, de fruits ou d'herbe, ou bien encore qu'il
est plus ou moins omnivore, comme le sont par exemple

l'homme, le chien, le loup, etc. [1]. C'est d'ailleurs ce que nous constaterons en étudiant d'une manière particulière les animaux mammifères.

Mais, au fond, tous ces régimes ne donnent pas des résultats aussi différents qu'on pourrait le croire, et l'alimentation, quel qu'en soit le mode, peut être ramenée à des conditions identiques, son résultat définitif étant de procurer à l'économie des principes immédiats, les uns ternaires, les autres quaternaires, ainsi qu'un certain nombre de substances salines.

Classification des aliments. — La différence du régime n'implique donc pas une différence correspondante et fondamentale dans les matériaux chimiques de l'alimentation, et tous les animaux, qu'ils vivent d'herbes, de fruits, de graines, d'insectes, de poissons, ou de la chair et du sang des quadrupèdes et des oiseaux, retirent, en définitive, de leur alimentation, des principes analogues et qui sont toujours les mêmes. L'élaboration des aliments est plus ou moins longue; elle exige des actes plus ou moins nombreux, suivant la nature et l'origine de ces aliments; mais ses résultats ne changent pas pour cela. Le lion et le tigre assouvissant leurs appétits sanguinaires, ou le bœuf et l'antilope, qui paissent tranquillement l'herbe des prairies, demandent à leur alimentation des principes qui sont en réalité les mêmes, à savoir, des substances salines, qu'ils peuvent même prendre avec leur boisson, sans détruire en apparence nul être organisé, et des substances organiques, les unes ternaires, les autres quaternaires, que la chair des animaux ainsi que les tissus des végétaux renferment également.

Contrairement à la vie végétale, qui tire du monde minéral une grande partie de ses matériaux de consommation, la vie des animaux s'entretient au moyen de substances organiques déjà formées, et la nature trouve dans la destruction de tous ces individus des deux règnes, qui servent

---

1. Voir *Éléments de Zoologie, Notions préliminaires*, fig. 44 à 48.

de pâture aux différents animaux, les uns herbivores, les autres carnassiers, le moyen de maintenir les espèces dans une juste proportion numérique. Par la férocité des carnivores, elle met obstacle à la trop grande abondance des herbivores, et ces derniers s'opposent, à leur tour, à la multiplication excessive des végétaux.

Une autre remarque intéressante peut donc être ajoutée à celles qui précèdent. Tandis que les végétaux jouissent de la propriété de former de toutes pièces, à l'aide de matériaux empruntés au monde inorganique, la masse des principes immédiats nécessaires à la constitution de leurs organes, et de se nourrir au moyen des produits tirés du sol, les animaux ne créent point ces principes de toutes pièces; leur substance ne s'accroît chimiquement qu'au détriment de celle d'autres êtres vivants, plus particulièrement des végétaux. Le règne végétal est pour ainsi dire le laboratoire dans lequel se fabriquent les principes immédiats. Ces substances passent des plantes dans les animaux herbivores pour arriver ensuite aux carnassiers lorsqu'ils se nourrissent de ces derniers. Elles peuvent, il est vrai, faire plus tard retour aux végétaux qui les absorbent alors sous forme d'engrais, mais après qu'elles ont été modifiées dans leur composition et réduites en grande partie en eau, en acide carbonique et en principes ammoniacaux.

On se tromperait donc si l'on jugeait de la nature chimique des aliments et de leur rôle dans l'économie par le régime des animaux. La proportion dans laquelle ces aliments contiennent les principes nécessaires à la vie des organes, et la facilité plus ou moins grande avec laquelle certaines espèces doivent les en extraire, motivent, il est vrai, des différences dans la conformation des organes de la digestion. Mais ce ne sont encore là que des particularités de second ordre, et il est dans la nature des substances alimentaires dites organiques d'appartenir toutes soit à l'une soit à l'autre des deux catégories quaternaire et ternaire, quelle que soit leur provenance. Aussi est-ce en tenant compte de leurs caractères chimiques qu'il faut les classer, et non d'après leur origine animale ou végétale.

Envisagés ainsi, les aliments de nature organique peuvent être partagés en deux grandes catégories absolument correspondantes à celles dans lesquelles se divisent les principes immédiats constituant les organes. Les animaux, quel que soit leur régime, doivent, sous peine de périr dans un temps plus ou moins rapproché, trouver dans leur alimentation, indépendamment des principes qui suffiraient aux plantes, des aliments des deux catégories ternaire et quaternaire. Le fond l'emporte ici sur la forme, et, en réalité, si variés que soient en apparence les moyens auxquels les animaux ont recours pour se nourrir, leur alimentation se réduit constamment, si l'on fait abstraction des substances salines, à ces deux ordres d'aliments, dits aliments ternaires ou respiratoires et aliments quaternaires ou plastiques.

L'alimentation de l'homme n'échappe pas à ces conditions, car les mets les plus succulents ou les plus délicats des peuples civilisés peuvent être ramenés, en dernière analyse, à quelques principes ternaires ou quaternaires mêlés à un petit nombre de substances salines.

A la division des *aliments ternaires*, appartiennent les corps gras : graisses, huiles diverses, etc., quelle que soit leur provenance. La cellulose, plus rare chez les animaux que chez les végétaux, les gommes, l'amidon ou fécule, les sucres, l'acide lactique, etc., sont aussi de ce groupe dans lequel elles constituent une sous-division importante. La plupart de nos boissons artificielles, le vin, la bière, le cidre et d'autres encore, en possèdent aussi les caractères principaux et sont dues à leur transformation. La fécule donne une substance sucrée sous l'influence de la diastase, et le sucre, par sa fermentation, fournit de l'alcool, principe essentiel de la plupart de ces liqueurs. Envisagé dans sa composition moléculaire, le sucre peut être ramené aux éléments de l'eau et de l'acide carbonique; il est pour ainsi dire le type des aliments respiratoires.

La classe des *aliments quaternaires* dits aussi aliments

azotés ou plastiques, n'est pas moins riche en espèces. On y rapporte l'albumine, base des tissus nerveux, ainsi que du blanc d'œuf, etc.; l'albumine se trouve aussi dans le suc propre de certains végétaux ou dans leurs graines. La chondrine des cartilages est encore un aliment de ce groupe, et il en est de même pour la fibrine du sang et des muscles, pour le gluten des graines des graminées, pour les mucilages végétaux, etc. La caséine en fait aussi partie. Ce dernier principe, que l'on extrait surtout du lait, existe également dans le sang des animaux et dans les graines de certaines légumineuses, telles que les haricots, les lentilles ou les pois; enfin, la gélatine doit être également citée parmi les aliments quaternaires. Elle concourt à former la peau, les tendons, les os et le tissu cellulaire, mieux nommé tissu connectif, et ce sont là autant de substances que les animaux recherchent avec avidité pour s'en nourrir.

Conditions de l'alimentation. — Toute alimentation doit comprendre des principes appartenant aux deux catégories dites ternaire ou respiratoire, et quaternaire ou plastique; elle n'est réellement complète que s'il s'y trouve mêlé des substances d'origine purement minérale : de l'eau, si indispensable à tout organisme, du chlorure de sodium ou sel marin, du phosphate de chaux, pour la solidification des os, du carbonate de chaux, dont sont en particulier formés les coquilles et les polypiers, des sels de fer et d'autres corps simples ou composés.

On a montré, par des expériences faciles à répéter, que si l'on soumettait des animaux d'une manière continue à une nourriture entièrement privée de sels calcaires, leurs os ne tarderaient pas à se ramollir. Il ne se ferait plus de dépôt terreux dans la gangue organique qui en est la trame et leur consistance diminuerait par suite de la résorption de leurs anciens matériaux. Il est également prouvé que la chlorose, maladie plus connue sous le nom de pâles couleurs, tient principalement à la diminution de la quantité normale du fer propre au sang. D'autre part, les recherches des physiologistes ont établi que ni l'albumine pure,

ni la gélatine, qui sont des aliments quaternaires, ni l'a-
midon ou le sucre, aliments ternaires, pris séparément et
comme unique nourriture, ne sauraient suffire à l'entretien
de la vie. Le dépérissement et la mort sont la conséquence
prochaine d'une semblable alimentation. La meilleure nourriture est celle où le plus grand nombre possible de substances nutritives se trouvent mêlées les unes aux autres;
et nous voyons chaque jour ce principe mis en pratique
dans la préparation des mets que l'on sert sur nos tables;
leur variété est la garantie d'une bonne alimentation, notre
espèce étant essentiellement omnivore.

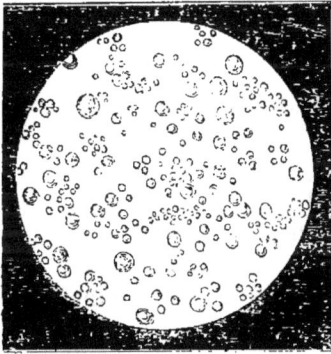

Fig. 6. — Goutte de *lait* ; vue au microscope.

Si le lait (fig. 6) peut constituer à lui seul la nourriture
des jeunes mammifères, cela tient à la complexité de sa composition chimique. Il renferme en effet des principes quaternaires ou plastiques et des principes ternaires ou respiratoires unis à diverses subtances salines, le tout en dissolution
dans un liquide aqueux fort abondant. C'est à ces qualités
qu'il doit aussi de pouvoir être substitué avantageusement
à tout autre régime dans certains cas de maladie, puisqu'il
possède tous les principes nécessaires à l'alimentation, et
qu'il est d'une digestion facile. Nous reviendrons ailleurs
sur cette importante sécrétion.

II

Canal intestinal.

Muqueuse digestive. — La partie fondamentale de
l'appareil digestif est un canal ou tube, tantôt de diamètre à peu près égal dans toute sa longueur, tantôt dilaté
sur différents points de son trajet de manière à constituer
des espèces de chambres ou réservoirs dans lesquels la
nourriture s'amasse en quantité plus considérable pour y
éprouver des modifications qui la rendent susceptible d'être
absorbée. Il s'opère dans ces cavités une séparation des
parties assimilables d'avec celles, inutiles ou inemployées,
qui devront être rejetées au dehors, sous forme de fèces ou
excréments.

Structure de la muqueuse digestive. — Par sa composition anatomique, le tube digestif appartient à la catégorie des membranes muqueuses, dont le caractère le plus
apparent est d'avoir leur surface libre lubréfiée par la sécrétion d'une mucosité plus ou moins abondante. Ses deux
orifices, antérieur et postérieur, sont en continuité non
interrompue avec l'enveloppe extérieure, c'est-à-dire avec
la peau, et l'on a souvent regardé le tube digestif comme
une simple rentrée de cette membrane dans l'intérieur du
corps.

Une expérience remarquable de Trembley sur l'hydre,
genre de petits polypes qui vit dans nos eaux douces[1], a
longtemps servi d'argument principal en faveur de cette
manière de voir, qui pourtant n'est pas exacte. Suivant
Trembley, on peut retourner l'hydre de telle sorte que son
estomac devienne la peau externe du polype, et que sa
peau précédemment externe occupe la place de l'estomac
et se transforme en un organe de digestion. Toutefois

1. *Zoologie, Notions préliminaires,* fig. 1 et 166.

l'observation de la manière dont se développe le tube digestif des espèces supérieures a montré que telle n'est pas l'origine de cet appareil chez les animaux vertébrés.

Envisagée sous le rapport des éléments anatomiques dont elle est constituée, la membrane digestive (fig. 7) se laisse assez bien comparer à la peau, quoiqu'elle n'en soit pas la continuation directe. On y remarque plusieurs couches superposées qui constituent ses différentes tuniques. Ce sont :

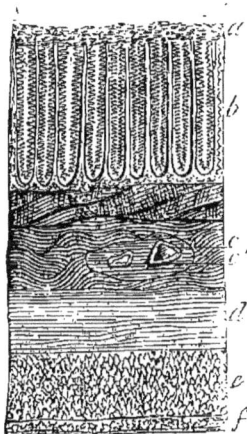

FIG. 7. — Coupe de la muqueuse stomacale du *Cochon* (figure grossie).

a) épithélium superficiel; — b) glandes en tubes revêtues de leur épithélium; — c) chorion muqueux ; — c') vaisseaux parcourant son tissu ; — d) couches de fibres musculaires transversales ; — e) couches de fibres musculaires longitudinales ; — f) tunique séreuse, fournie par le péritoine.

1° Une sorte d'épiderme tantôt plus mince, tantôt plus épais, suivant les points observés, et qui appartient au même groupe histologique que l'épiderme cutané. On le désigne, comme tout épiderme propre aux membranes muqueuses, par le nom d'*épithélium*, et l'on en distingue plusieurs formes, suivant les portions de l'appareil digestif ou les espèces animales que l'on examine.

2° Au-dessous de cet épithélium, et comme représentant à la muqueuse digestive le derme ou cuir de la peau extérieure, est le *chorion muqueux*. C'est une tunique de nature fibro-celluleuse, à mailles lâches et facilement perméable : dans certains points, elle présente des saillies coniques ou cylindriformes, molles et flottantes, qui sont ses *villosités* (fig. 8). Ce sont, pour ainsi dire, des papilles analogues à celles de la peau, mais de dimensions plus grandes et qui jouent un rôle important dans les phénomènes d'absorption intestinale. Chez certaines espèces, leurs dimensions sont plus considérables que chez les autres. Le rhinocéros, par exemple, en présente qui ont jusqu'à 33 millimètres de long sur 22 de large et dont l'extrémité libre est bifurquée.

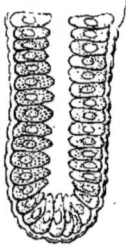

FIG. 8. — Villosité intestinale et son épithelium.

3° La troisième tunique de l'intestin est de nature *musculeuse;* elle se compose de deux couches de fibres le plus souvent lisses (fibres-cellules des micrographes), dont l'une a ses faisceaux disposés longitudinalement, tandis que l'autre les a transversaux ou circulaires. Les contractions alternatives de ces deux systèmes de fibres raccourcissent partiellement l'intestin ou l'allongent comme un ver, et c'est de leur jeu que résulte l'apparence des mouvements intestinaux qui ont reçu, à cause de cela même, le nom de vermiculaires. Ce double mouvement en sens inverse (péristaltique et antipéristaltique) est la principale cause du transport des aliments d'un point du tube intestinal à un autre et il assure leur marche à travers l'appareil digestif en même temps qu'il les met en rapport avec les sécrétions intestinales qui doivent agir sur eux.

On remarque par endroits un développement plus considérable des fibres musculaires du tube digestif, là précisément où leur action mécanique doit se faire sentir davantage. Le pylore, ou orifice terminal, dans l'estomac de beaucoup d'animaux, et le gésier des oiseaux, qui est une sorte de pylore exagéré, en sont des exemples remarquables. On peut encore citer la valvule, dite iléo-cœcale, qui sépare l'intestin proprement dit en deux parties : l'une, appelée intestin grêle, et l'autre, gros intestin.

A l'entrée du canal intestinal est la bouche, organe de mastication et d'insalivation ; l'orifice opposé constitue l'anus. On observe à ces deux orifices un développement du système musculaire plus considérable que sur la plupart des autres points. Il y existe de véritables muscles souvent disposés en anneaux, et le nom de *sphincter* qu'on donne à celui de l'anus, rappelle qu'il forme une espèce de lien ou de cordon circulaire destiné à l'occlusion de cet orifice. A l'encontre de ceux de la tunique intestinale, ces muscles des orifices terminaux du tube digestif restent soumis à l'action de la volonté, et les fibres qui les constituent sont de nature striée, au lieu d'être lisses comme celles de la tunique musculaire du reste de l'intestin. On doit les considérer comme appartenant au système des muscles cutanés.

De même que les autres membranes, la muqueuse intestinale reçoit des vaisseaux et des nerfs, les premiers chargés de fournir à sa dépense vitale, les seconds destinés à régler ses différentes fonctions. Les nerfs proviennent en grande partie du grand sympathique. Le pneumogastrique en fournit aussi un certain nombre.

Cavités diverses et conduits formant le tube digestif. — Les modifications que le tube intestinal présente sur son trajet ne sont pas inutiles à connaître si l'on veut arriver à bien comprendre les différents actes desquels résulte la digestion. En effet, chacune des dilatations ou chambres qu'on y remarque est le siége d'une élaboration particulière des aliments. Chez l'homme et chez beaucoup d'autres animaux le canal digestif est ainsi divisé en plusieurs organes successifs, les uns constituant des dilatations ou cavités, comme la bouche et l'estomac ; les autres, de forme tubulaire, toujours plus longs qu'ils ne sont larges.

L'œsophage et l'intestin proprement dit sont les parties

tubulaires du canal digestif; l'estomac en est la principale
dilatation.

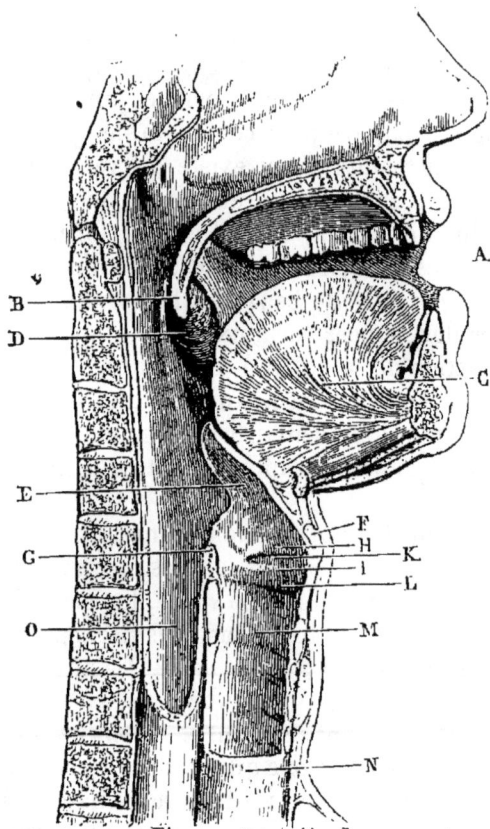

FIG. 9. — Cavité buccale, pharynx et larynx humains (coupe verticale).

A) l'ouverture buccale ; — B) le voile du palais ; — C) muscles de la langue ;
— D) une amygdale ; — E) épiglotte ; — F et G) cartilages thyroïde et aryté-
noïde du larynx ; — H) corde vocale supérieure gauche ; — I) corde vocale in-
rieure du même côté ; — K) ventricule du larynx correspondant aux deux
cordes vocales gauches ; — L) limite inférieure du larynx ; — M) face interne
de la trachée-artère ; — N) face externe de la trachée-artère ; — O) l'œsophage
coupé verticalement à la hauteur du cartilage cricoïde.

C'est par une cavité que l'appareil digestif commence,
et cette cavité s'appelle la BOUCHE (fig. 9). Limitée en

avant par les lèvres dont un muscle orbiculaire détermine le resserrement ou l'ouverture, elle a pour parois latérales les *joues*, dilatées en forme de sacs ou abajoues chez certaines espèces de singes et chez quelques rongeurs; pour voûte le *palais*, portant en arrière une sorte de voile (voile du palais et luette) qui empêche les aliments de monter dans les fosses nasales. Inférieurement la *langue*, ainsi que les muscles tendus au-dessous d'elle entre les deux branches de la mâchoire inférieure, constituent son plancher. Les maxillaires et d'autres os, tels que les palatins, en constituent la charpente, et les mâchoires sont elles-mêmes des instruments de digestion, puisqu'elles contribuent, au moyen des *dents* dont leur bord libre est armé et par leur propre pression, à la mastication des aliments et à la formation du bol alimentaire.

En arrière, le voile du palais sépare la bouche d'avec le PHARYNX, qui en est pour ainsi dire une dépendance. Le pharynx, appelé aussi arrière-bouche ou gosier, est placé entre la bouche et l'œsophage; il constitue une sorte de carrefour auquel aboutissent aussi les orifices postérieurs des narines et le larynx. Ces parties ont besoin d'être mises en rapport entre elles pour conduire aux poumons l'air aspiré par les narines, mais elles doivent rester fermées pendant que s'opère la déglutition. Le voile du palais, rejeté en arrière, va boucher les arrière-narines, et l'entrée de la trachée-artère, c'est-à-dire la glotte, est fermée par une sorte de soupape mobile soutenue par un cartilage. Cette soupape est l'*épiglotte*, qui s'abaisse lors du passage des aliments; elle n'existe que chez l'homme et chez les mammifères.

Sans cette curieuse disposition, les aliments remonteraient dans le nez ou entreraient dans le larynx, ce qui arrive cependant quelquefois, malgré les précautions prises à cet égard par la nature.

C'est dans le pharynx que s'accomplit l'acte de la *déglutition*, c'est-à-dire l'action d'avaler les aliments et leur envoi dans l'estomac à travers l'œsophage.

Après le pharynx vient donc l'oesophage, partie tubi-- forme allongée qu'on pourrait comparer à la tige d'un en- tonnoir dont le pharynx serait la partie évasée. Son nom est tiré du grec et signifie porte-manger. C'est lui en effet qui mène les aliments de la bouche à l'estomac. Il descend au devant de la colonne vertébrale, en arrière et un peu à gauche de la trachée-artère, et suit intérieurement la cage thoracique pour aboutir à l'estomac, après avoir dépassé le diaphragme. Chez les oiseaux il est dilaté vers son mi- lieu en une grande poche dans laquelle les aliments s'ac- cumulent pour subir une première action des sucs diges- tifs; cette dilatation est le *jabot*.

Quant à l'estomac, c'est un vaste réservoir musculo- membraneux dans lequel s'accumulent les aliments des- cendant de l'œsophage; il les garde un certain temps dans son intérieur pour agir sur eux et en séparer une première série de matières assimilables. Il est situé immédiatement au-dessous du diaphragme, sorte de vélum musculo-tendi- neux séparant la cavité thoracique de la cavité abdominale; sa forme est celle d'une cornue ou d'une cornemuse. Il a son grand axe dirigé transversalement et un peu oblique- ment de gauche à droite. Sa partie gauche est plus dilatée que l'autre. L'ouverture par laquelle elle communique avec l'œsophage s'appelle le *cardia* parce qu'elle est la plus rapprochée du cœur.

On reconnaît à l'estomac un grand cul-de-sac placé du côté de son ouverture cardiaque, et un petit cul-de-sac plus rapproché au contraire de l'ouverture opposée, qui est le *pylore*. Le pylore, dont le nom signifie portier, est l'orifice par lequel le bol alimentaire passe de l'estomac dans les intestins, après que les parois de l'estomac ont ab- sorbé la plus grande partie des principes quaternaires qu'il contenait.

Le bord supérieur de l'estomac constitue sa petite cour- bure, et le bord inférieur sa grande courbure. La ca- pacité de cet organe est variable d'une espèce à l'autre; elle augmente d'ailleurs ou diminue incessamment par la dilatation ou la constriction de ses fibres, suivant la quantité des aliments qui lui sont transmis.

Estomacs simples et estomacs complexes. — L'estomac de l'homme, celui du chien, du chat, du cochon, etc., sont des estomacs simples, parce qu'ils ne sont pas partagés intérieurement en loges secondaires, et, dans beaucoup d'autres animaux, il en est également ainsi. Mais il y a des mammifères dont l'estomac se complique par la séparation de ses diverses parties, cardia, grand cul-de-sac, petit cul-de-sac et pylore, en autant de loges distinctes. Cette disposition est surtout évidente chez les ruminants (bœuf, chèvre, mouton, antilope, cerf, girafe, chevrotain, lama et chameau); c'est elle qui a fait dire de ces animaux qu'ils ont plusieurs estomacs[1]. Mais une comparaison attentive de ces estomacs prétendus multiples, avec l'estomac simple des mammifères ordinaires, et l'observation, dans d'autres espèces, comme l'hippopotame, le pécari, le lamantin, etc., de formes intermédiaires à ces deux conditions, conduisent à regarder la disposition propre aux ruminants comme résultant non pas de la présence de parties nouvelles et différentes de celles qui constituent l'estomac simple de l'homme, mais de la complication plus grande des parties reconnues dans l'estomac de ce dernier.

Intestins. — La portion du canal digestif qui fait suite à l'estomac constitue les intestins proprement dits. Elle conserve une forme spécialement tubulaire; sa longueur dépasse habituellement celle du corps, et comme elle est logée dans la cavité abdominale, elle est contournée sur elle-même et repliée en circonvolutions, de manière à n'occuper qu'un espace peu considérable eu égard à sa longueur. Les replis n'en sont pas immédiatement en contact les uns avec les autres. Ils sont séparés au moyen d'une membrane de nature séreuse, le *péritoine*[2], et recouverts par les

1. *Zoologie, Notions préliminaires*, fig. 84.
2. *Peritonaion*, étendu autour. On y distingue l'*epiploon*, vulgairement toilette, recouvrant en avant la masse des intestins; le *mésentère*, servant à maintenir les intestins, e.c.

expansions de cette membrane qui s'étend aussi sur les parois de toute la cavité abdominale. C'est dans les replis du péritoine que les intestins exécutent leurs mouvements. Il leur amène les vaisseaux sanguins chargés de fournir les sécrétions digestives et, par cette voie, le sang nécessaire à leur propre nutrition. Les nerfs qui les animent et les vaisseaux chylifères, chargés de recueillir les matériaux rendus absorbables par la digestion intestinale, suivent aussi les replis de cette membrane.

Nous avons déjà vu qu'on reconnaissait aux intestins deux parties différentes l'une de l'autre; ces deux parties sont en général faciles à distinguer. La première, dite *intestin grêle*, forme à elle seule les quatre cinquièmes du tube digestif, et ses différentes portions sont désignées par les noms de *duodénum*, *jéjunum* et *iléon*. La seconde, appelée *gros intestin*, comprend le *cæcum*, le *colon* et le *rectum*; elle aboutit à l'anus; son diamètre est plus considérable que celui de l'intestin grêle; son apparence est également différente de la sienne.

Le cæcum est le commencement du gros intestin; c'est entre lui et le colon que s'opère la jonction de ce dernier avec l'intestin grêle. Cette jonction a précisément lieu au point occupé par la *valvule iléo-cæcale*, qui serait mieux nommée iléo-colique; car chez certaines espèces, comme l'ours, la plupart des insectivores, quelques oiseaux, beaucoup de reptiles, etc., il n'y a pas du tout de cæcum.

Dans l'espèce humaine et dans quelques-uns des premiers singes cette partie de l'intestin est de grandeur moyenne et elle est terminée par un prolongement grêle auquel on a donné le nom d'*appendice vermiforme*. Il y a au contraire un cæcum considérable chez les animaux herbivores; exemple : le cheval, les ruminants, le lapin et beaucoup d'autres rongeurs, les kangourous, etc. Il est alors dilaté de manière à simuler une sorte d'estomac supplémentaire qui serait placé au commencement du gros intestin, comme l'estomac proprement dit l'est en avant de l'intestin grêle. Il s'y fait une digestion qui complète la digestion stomacale et les matières alimentaires, non encore attaquées par les sucs digestifs, s'y accumulent aussi comme dans un réservoir pour y subir cette nouvelle action. Chez les oiseaux il y a souvent deux cœcums (fig. 3, *ii* et fig. 10) au lieu d'un seul à la jonction des deux parties de l'intestin; en outre un petit cœcum peut exister, dans les mêmes animaux, sur le trajet de l'intestin grêle.

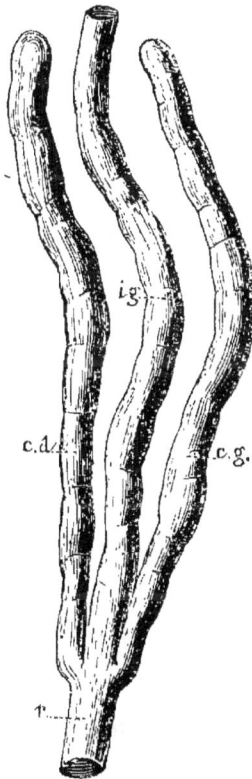

FIG. 10. — Cœcums pairs de l'intestin du *Canard.*
ig) portion inférieure de l'intestin grêle; — *r*) commencement du colon — *cd* et *cg*) cœcums droit et gauche.

Certains poissons, au nombre desquels on peut citer les raies et les squales (fig. 4), ont une partie de l'intestin disposée en forme de spirale, comparable à une vis d'Archimède ; il en résulte que la surface absorbante se trouve notablement augmentée sans que l'intestin ait besoin d'acquérir une longueur considérable.

Longueur proportionnelle des intestins. — D'autres particularités relatives aux intestins des animaux ne sont pas moins curieuses. Nous citerons spécialement les variations de longueur que ce viscère présente, en rapport avec le régime. Celui de l'homme a environ 12 mètres, les deux parties comprises. Chez le bœuf il a près de 50 mètres et 20 fois environ la longueur du corps ; chez le mouton, plus de 28 mètres ; chez le cheval, 25 ; chez le cochon, 19 ou 20. On a établi pour un certain nombre d'autres espèces le rapport existant entre la longueur de leurs intestins et celle de leur corps ; il est résulté de cette comparaison la remarque suivante. Les animaux herbivores ont le tube digestif proportionnellement beaucoup plus long ; les carnivores au contraire l'ont beaucoup plus court ; et, chez les omnivores, il est d'une longueur intermédiaire.

La grenouille, qui se nourrit de végétaux pendant qu'elle est à l'état de têtard[1], et de substances animales lorsqu'elle s'est métamorphosée, a dans son premier âge le tube digestif proportionnellement beaucoup plus long que lorsqu'elle est arrivée à l'état adulte. Cette remarque s'applique aux autres batraciens de la même famille.

Dans l'hydrophile, espèce de gros insecte coléoptère vivant dans l'eau, c'est le contraire qui a lieu. Sa larve, dite ver assassin, se nourrit de substances animales, et elle a le canal digestif de faible longueur, tandis qu'étant devenu insecte parfait, l'hydrophile, qui se nourrit alors de végétaux, a le canal intestinal notablement plus allongé que dans son premier âge.

Appareil digestif des animaux les plus inférieurs. — Il existe des animaux dont l'appareil digestif ne présente qu'un seul orifice, lequel sert à la fois de bouche et d'anus.

1. *Zoologie Notions préliminaires.* fig. 11.

Les actinies et les autres polypes sont dans ce cas. Chez certaines méduses, nommées à cause de cela rhizostomes, cet orifice est multiple et chacune des ouvertures est située à l'extrémité d'appendices en forme de racines par le moyen desquels se fait la succion des aliments. Dans d'autres animaux[1], plus simples encore, tels que les éponges, certains infusoires, les foraminifères, etc., il n'y a plus de cavité digestive proprement dite ; il peut arriver aussi qu'il n'y ait pas d'orifice spécial pour l'entrée des aliments. Ils sont alors absorbés par simple endosmose ou introduits tantôt par un point du corps, tantôt par un autre.

III

Des dents.

Usage des dents. — Les dents sont de petits organes plus durs que les os, placés à l'intérieur de la bouche, où ils sont implantés par une ou plusieurs *racines* sur le bord des mâchoires. Elles servent à moudre ou à broyer les aliments, au moyen de leur partie visible dite la *couronne*. La ligne de séparation entre la couronne et les racines d'une même dent s'appelle le *collet*.

Ces organes sont de la catégorie de ceux que l'on a réunis sous le nom commun de phanères. Ils résultent de l'endurcissement d'un bulbe spécial et se forment dans des loges ou petites cavités de la muqueuse des gencives à peu près de la même manière que les poils, les ongles ou les plumes se forment dans le derme cutané. Leur bulbe est également renfermé dans une espèce de sac membraneux. Un nerf de sensibilité et des vaisseaux nourriciers aboutissent à chacun de ces petits organes pour entretenir leur vitalité. C'est l'irritation de ce nerf qui rend parfois les dents si douloureuses.

1. *Zoologie, Notions préliminaires,* fig. 20 et 175 à 188.

Les dents résultent de la solidification de leur bulbe pulpeux, au moyen d'une matière calcaire. Cette matière est essentiellement du phosphate de chaux auquel se trouve associé du carbonate de chaux et même, pour ce qui concerne l'émail, un peu de fluorure de calcium.

Le travail de la formation des dents commence de fort bonne heure dans l'intérieur des follicules dentaires; il est déjà en voie de s'accomplir avant la naissance. Mais chez la plupart des animaux les dents n'apparaissent pas au dehors avant que l'animal soit venu au monde, et elles ne poussent que successivement. Il peut même exister, comme chez l'homme, deux dentitions : l'une composée de dents peu nombreuses et qui s'useront pendant la jeunesse de l'animal ; l'autre comportant un plus grand nombre de ces organes et destinée à servir pendant le reste de la vie.

Les dents de la première apparition reçoivent chez l'homme et chez les mammifères le nom de *dents de lait*, parce qu'elles sortent en général pendant la lactation; mais on en trouve aussi chez certains reptiles et même chez les poissons. Les autres sont dites *dents de remplacement*, dents persistantes ou dents de seconde dentition.

La fonction de ces organes est essentiellement de servir à la mastication des aliments; mais, ainsi que nous en avons déjà fait la remarque, les dents peuvent aussi être employées par les animaux à leur propre défense, et suivant leurs usages elles ont des formes particulières qui fournissent de très-bons caractères pour la distinction des espèces.

Chez l'homme adulte, où il y a 32 dents (fig. 11 et 12), par conséquent 16 de chaque côté, la formule dentaire est la suivante :

$$\frac{2}{2}i. \quad \frac{1}{1}c. \quad \frac{5}{5}m.$$

Ce qui veut dire : 2 paires d'incisives supérieures et deux inférieures; 1 paire de canines supérieures et 1 infé-

rieure, et 5 paires de molaires supérieures et inférieures ;
au total 32 dents (fig. 11).

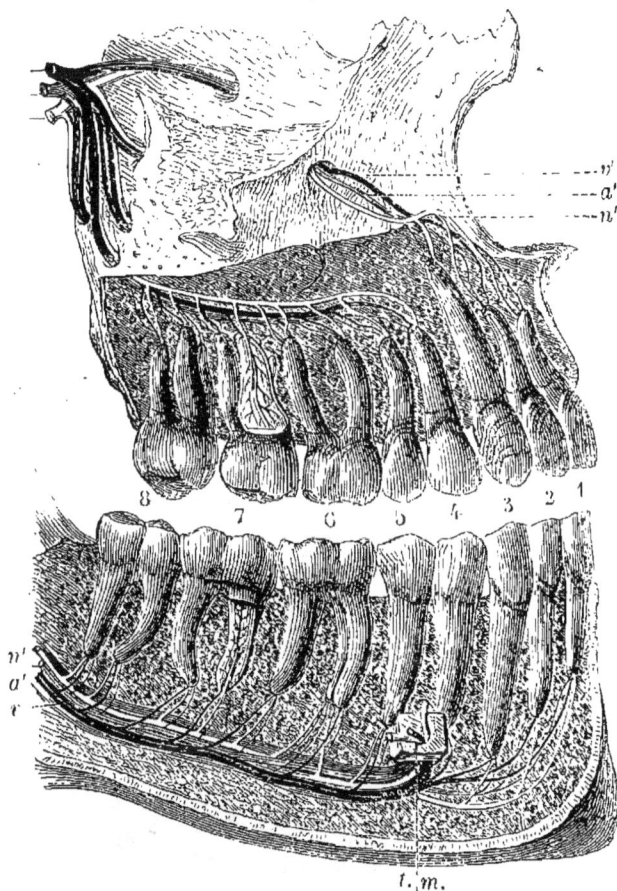

FIG. 11. — Dents de *l'homme* ; vues de profil, côté droit. — On a enlevé la
table externe des os incisifs et maxillaires pour montrer les racines des dents
ainsi que les nerfs et les vaisseaux qui s'y rendent.
  1 et 2 sont les incisives ; 3 les canines ; 4 à 8 les molaires.
  v) veines dentaires ; — *a*) artères dentaires ; — *n*) nerfs dentaires allant aux
molaires supérieures ; — *v'*, *a'* *n'*) veines, artères et nerfs dentaires allant à la
canine et aux incisives ; — *v''*, *a''*, *n''*, veines, artères et nerfs dentaires allant
aux dents inférieures ; — *tr. m*) trou mentonnier qui livre passage aux vaisseaux et aux nerfs fournis par les mêmes branches à la lèvre inférieure.
  Une des racines de l'avant-dernière molaire supérieure a été sciée verticalement pour laisser voir le mode de distribution des vaisseaux et des nerfs
dans sa pulpe.

Pour l'enfant examiné avant l'apparition des dents persistantes et lorsqu'il ne possède encore que celles dites
de lait ou de première dentition (fig. 12), la formule est
celle-ci :

$$\frac{2'}{2'} i. \quad \frac{1'}{1'} c. \quad \frac{2'}{2'} m.$$

C'est-à-dire : 2 paires d'incisives à la mâchoire supérieure et autant à l'inférieure : 1 paire de canines à chaque
mâchoire et 2 paires de molaires en haut comme en bas ;
au total 20 au lieu de 32 (fig. 11).

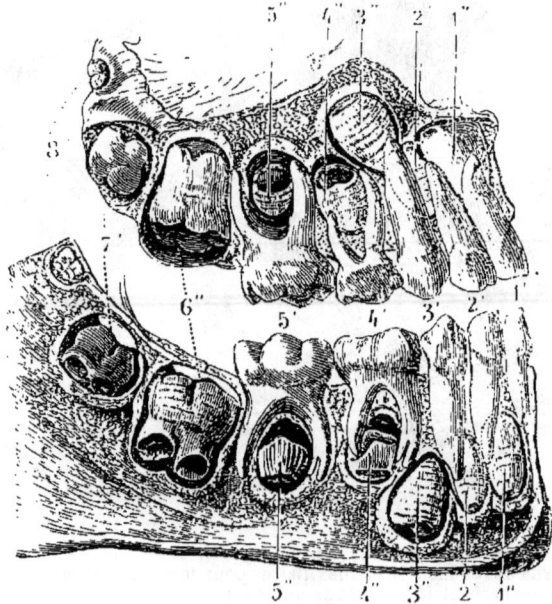

Fig. 12. — Première dentition de l'*homme* et germes des dents
de la seconde dentition.

1' 2' 3' 4' et 5' sont les dents de la première dentition dites aussi dents de
lait, et parmi lesquelles on distingue pour chaque côté $\frac{2}{2}$ incisives, $\frac{1}{1}$ canines, $\frac{2}{2}$
molaires ; 1" à 8" sont les germes des dents permanentes ou dents de la se-
conde dentition.

Le signe ' indique que c'est de la dentition qui doit tomber et non de la dentition persistante qu'il s'agit, et dans la figure ci-jointe où l'on voit des dents de lait indiquées par les chiffres 1' à 5' pour l'une et l'autre mâchoire, on a aussi représenté sous les numéros 1" à 8" les germes des dents de la seconde dentition ou dentition permanente.

Chez l'homme les dents des trois sortes justifient assez bien leurs noms d'incisives, de canines ou lanières, et de molaires. Les incisives sont tranchantes et servent à couper (inciser); les canines, quoique ne dépassant pas les autres par la longueur de leur fût, rappellent jusqu'à un certain point les dents aiguës et saillantes des chiens dont elles occupent la place dans la formule indiquée; enfin les molaires sont tuberculeuses et en forme de meules, particulièrement celle du n° 5' dans le jeune âge, et celles des numéros 6" à 8" pour l'âge adulte.

La forme des dents humaines, vues par la couronne, c'est-à-dire par leur surface triturante, est très-bien indiquée par la figure 44 des *Notions préliminaires*, ainsi que par les deux figures ci-jointes, 11 et 12, dont la première donne les dents des deux mâchoires vues de profil, et la seconde, leur mode de remplacement.

L'ensemble des dents du côté droit avec leurs racines, leur mode d'implantation dans les alvéoles ou cavités osseuses des os maxillaires, ainsi que les vaisseaux et les nerfs se rendant à chacune d'elles, se voient dans la figure 11, qui est aussi consacrée à la dentition humaine. Les chiffres 1 à 8 y répètent la série des dents 1" à 8" de la figure 12 parvenues à leur état complet de développement et telles qu'elles sont chez l'adulte.

Dans les mammifères il n'y a, comme chez l'homme, de dents que sur les os maxillaires supérieur et inférieur et sur l'os intermaxillaire.

Ainsi que nous l'avons déjà dit, leur forme et leur formule présentent chez ces animaux une grande diversité[1];

1. *Zoologie, Notions préliminaires,* fig. 45 à 48.

et ce n'est que dans quelques genres que l'établissement de la formule dentaire offre de véritables difficultés.

Appropriation de la forme des dents aux différents modes d'alimentation. — Ces particularités du système dentaire nous conduisent à parler de la différence de forme que les dents, surtout les molaires, présentent suivant que les animaux se nourrissent de chair, d'insectes, de fruits, de feuilles, ou qu'ils ont, au contraire, un régime omnivore.

Les animaux dont le régime est omnivore ont, comme l'homme, la couronne des dents molaires émoussée et tuberculeuse. Une disposition peu différente se retrouve chez ceux qui sont furgivores. Beaucoup de singes, les ours, les chiens (fig. 14), les porcs [1], les rats, et un assez grand nombre d'autres, appartiennent à cette double catégorie.

Les mammifères vivant d'insectes ont les dents garnies de tubercules; mais ces tubercules sont, en général, plus relevés, plus aigus et plus obliques, et ils ont la forme de pointes; c'est ce que l'on voit chez la plupart des chauves-souris, chez les taupes, chez certaines mangoustes, ainsi que chez les sarigues et les petites espèces du genre australien des dasyures.

Parmi les insectivores qui ont les dents armées de pointes épineuses nous citerons encore les musaraignes (fig. 13).

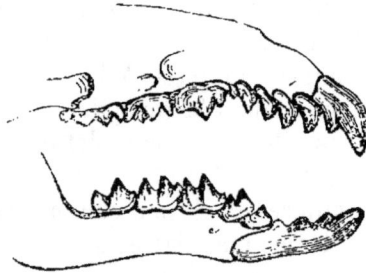

FIG. 13. — Dents de la *Musaraigne Carrelet.*
Exemple de dents épineuses, appropriées au régime insectivore.

1. *Zoologie, Notions préliminaires*, fig. 47.

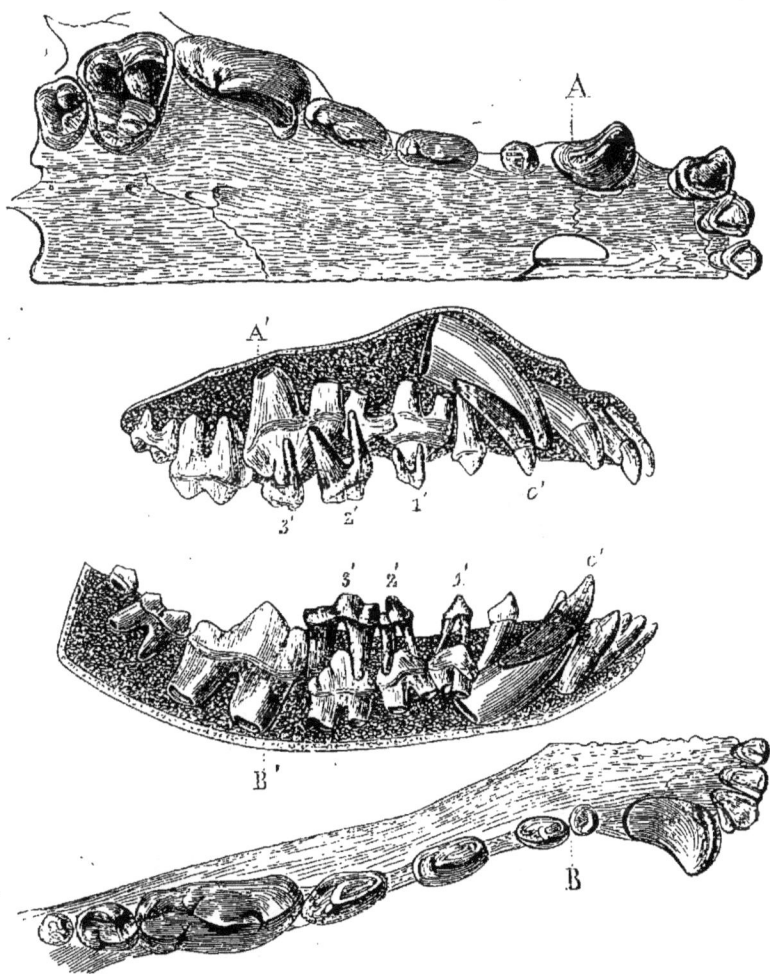

Fig. 14. — Dentition du *Chien* (dents de lait et dents permanentes).

A) les dents permanentes de la mâchoire supérieure, au nombre de dix.

A') les dents canines et molaires de lait de la même mâchoire, marqués c' et 1' 2' 3' et les dents permanentes presque entièrement développées.

B) les dents permanentes de la mâchoire inférieure.

B') la canine et les trois molaires de lait, marquées c' 1' 2' 3' et les dents permanentes presque entièrement développées.

Sur les figures A' et B', les dents permanentes, sont d'une teinte plus claire.

Dans les herbivores, les dents ont leur couronne sur-
montée d'arêtes longitudinales ou transversales; ce qui se
voit très-nettement chez les tapirs et les kangurous. Dans
certains cas, on y observe au contraire des replis de substance
dure, c'est-à-dire d'émail, qui en augmentent la résistance.
Telles sont les dents des jumentés, plus particulièrement
celles des chevaux. La même forme des dents se retrouve
chez les éléphants, chez les ruminants [1] (fig. 15), chez certains rongeurs, etc.

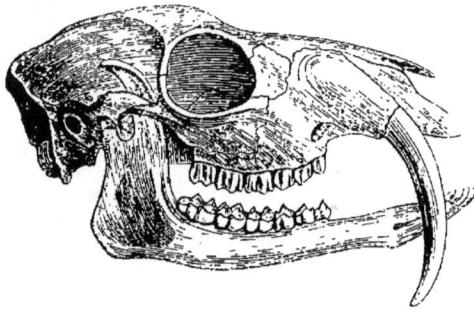

FIG. 15. — Crâne et dents du *Chevrotain porte-musc*. — Exemple
de canines allongées en défense.

Celles de certains animaux piscivores sont souvent com-
primées; elles ont leur couronne festonnée afin de mieux

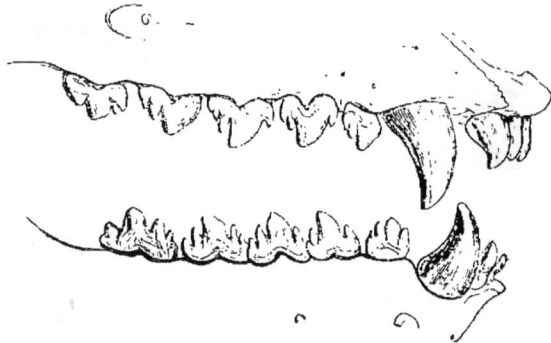

FIG. 16. — Dentition d'un *Phoque* du genre *Stenorhynque*.

1. *Zoologie, Notions préliminaires*, fig. 46.

retenir le poisson et en même temps de le couper. Cette disposition est surtout évidente chez les phoques (fig. 16).

Les dauphins ont des dents nombreuses simulant des cônes plus ou moins appointis, à peu près semblables entre eux.

Au contraire, les dents des carnivores sont en partie tranchantes : elles coupent comme des ciseaux. Nous en citerons comme exemple les carnassières du chat domestique et des autres espèces du genre *felis* [1].

On sait que les oiseaux manquent de dents. La corne si dure de leur bec leur tient lieu d'organes de mastication, et ils n'ont pas non plus de lèvres ; il en est de même des tortues.

Les crocodiles possèdent au contraire de véritables dents, mais qui n'ont jamais qu'une seule racine ; elles sont toutefois implantées dans des alvéoles. Chez les autres reptiles ces organes, au lieu de présenter la même particularité, se soudent au corps des mâchoires sur leur bord tranchant (dents acrodontes), ou sont appliqués contre leur face interne (dents pleurodontes). Les agames, les caméléons et les serpents sont acrodontes ; les lézards et les iguanes sont pleurodontes.

Les poissons présentent, sous le même rapport, des différences encore plus grandes que les reptiles ou les mammifères, mais dont le détail n'importe pas aux questions que nous avons à traiter ; nous renvoyons donc pour ce qui les concerne aux ouvrages spéciaux d'ichthyologie.

Structure des dents. — On a longtemps pensé que les dents ne différaient pas des os par leur structure ou même qu'elles n'avaient pas de structure propre. Malgré les travaux du célèbre micrographe Leuwenhoeck, cette opinion était acceptée il n'y a encore qu'un petit nombre d'années. On sait maintenant que les dents ont une organisation assez compliquée.

---

1. *Zoologie, Notions préliminaires*, fig. 45.

Elles sont composées de trois substances différentes : l'émail, l'ivoire, et le cément (fig. 17).

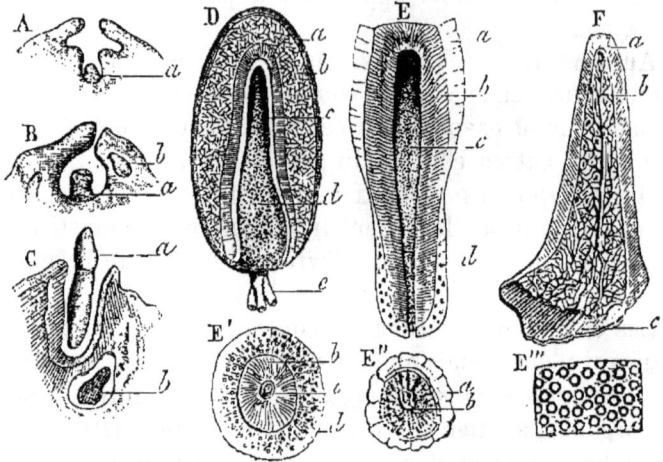

FIG. 17. — Développement et structure des dents.

A, B et C. — Phases diverses du développement d'une dent de lait. = a) est le germe de cette dent ; — b) la dent de la deuxième dentition qui devra la remplacer ; celle-ci n'est visible que dans les figures B et C.

D — Bulbe dentaire très-grossi. = a) est le sac ou follicule de ce bulbe ; — b) a membrane qui fournira l'émail ; — d) le bulbe qui se transformera en ivoire en se solidifiant ; — e) les vaisseaux et le nerf dentaire.

E — Dent incisive de l'homme sciée verticalement pour en montrer la structure. = a) l'émail ; — b) l'ivoire et ses canalicules ; — c) la partie du bulbe non encore solidifiée, mais qui sera ultérieurement transformée en ivoire ; — d) le cément ou matière osseuse recouvrant la racine.

E' — Coupe transversale de la même dent, prise au milieu de la racine. = b) ivoire ossifié ; — c) partie non encore ossifiée de l'ivoire ; — d) cément.

E'' — Coupe de la même dent, prise à la couronne. = a) émail ; — b) ivoire.

E''' — Une lamelle d'ivoire très-grossie, pour montrer les tubes calcigères ou canalicules dont il est creusé.

F — Dent de squale, sciée verticalement. = a) émail ; — b) les tubes calcigères, qui sont moins réguliers et plus gros que chez les mammifères ; — e) partie inférieure du bulbe.

L'ÉMAIL est l'enveloppe extérieure et vitrée de la couronne des dents. Il résulte de l'accolement, sous la forme d'une couche solide et comparable au vernis des faïences, d'une multitude de cellules allongées, d'abord molles et semblables aux filaments du velours, mais susceptibles d'acquérir promptement une consistance fort dure. C'est la partie extérieure et protectrice des dents; on pourrait la comparer à une sorte d'épiderme vitreux.

L'IVOIRE a de la ressemblance avec les véritables os, mais sa consistance est plus grande que la leur. C'est la partie principale des dents; on l'a quelquefois nommé pour cela *dentine*, ou, à cause des nombreux canalicules qui en parcourent la masse, substance tubulaire. C'est, à proprement parler, la pulpe dentaire ossifiée et la solidification s'en fait de l'extérieur à l'intérieur. Il en résulte que, dans les dents qui ont été arrachées ou sont tombées avant d'être complétement formées, la partie molle disparaissant, l'intérieur est toujours plus ou moins évidé.

C'est à Leuwenhoeck que l'on doit la découverte des canalicules calcigères de l'ivoire, canalicules si déliés que leur ouverture n'admet pas même les globules du sang.

On emploie à différents usages l'ivoire de plusieurs espèces d'animaux : celui des éléphants, de l'hippopotame, du morse, du dugong, du narwal et du cachalot est surtout recherché, et l'on trouve dans certaines localités de la Sibérie ainsi que de l'Amérique boréale, des amas de dents fossiles d'éléphants, soit molaires, soit défenses, assez bien conservées pour qu'on les utilise comme celles des animaux fraîchement morts; elles y sont en très-grand nombre. La turquoise de Simorre est de l'ivoire fossile provenant des mastodontes et coloré par un sel de cuivre.

Le CÉMENT, aussi appelé cortical osseux, est la troisième des substances qui concourent à la formation des dents. Il enveloppe surtout leurs racines, et, dans certains cas, on l'observe aussi dans le replis de leur couronne entre ses lobes, au-dessus de l'émail, où il occupe des excavations ménagées naturellement à la surface de la dent.

Il existe abondamment sur les molaires des éléphants;

c'est lui qui comble les intervalles de leurs crêtes ou colli-
nes et donne à la couronne sa forme aplatie.

Les mastodontes, par contre, en sont privés, et le
caractère différentiel entre ces deux genres consiste en ce
que le premier, qui renferme à la fois des espèces vivan-
tes et d'autres éteintes, a toujours la couronne des dents
molaires cémentées, tandis que le second, dont les espèces
sont toutes anéanties, a les molaires dépourvues de cément
et par suite mamelonnées à leur surface triturante.

Le cément est une substance osseuse semblable à celle
des os, et l'on y retrouve les corpuscules étoilés, visibles
au microscope, qui caractérisent ces derniers.

IV

Glandes du tube digestif et sécrétions qu'elles fournissent.

Nous partagerons les organes sécréteurs, placés sur le
trajet du tube digestif, en glandules ou petites glandes,
et en glandes conglomérées. Cette division, tout artificielle qu'elle puisse paraître, nous permettra de mieux
saisir l'importance relative de ces organes, et de nous
rendre compte du rôle dont ils sont chargés.

1° *Glandules digestives.* — Les cryptes ou poches de sécrétion qui les forment sont séparées les unes des autres
ou simplement réunies en petites grappes ne comprenant qu'un nombre peu considérable de granules sécréteurs.

Il y a dans la bouche plusieurs sortes de *glandules en
grappe*, essentiellement destinées à la sécrétion du mucus.
On les distingue d'après leur position en labiales ou des
lèvres, génales ou des joues, gengivales ou des gencives
et tonsillaires ou des amygdales. Le pharynx et l'œsophage
en présentent également, et il y en a sur tout le reste du
canal digestif jusqu'à l'anus inclusivement.

Les glandules de l'estomac, spécialement chargées de la sécrétion du suc gastrique, rentrent dans cette catégorie ; il en est de même de celles de l'intestin, auxquelles on donne le nom de *glandules de Brunner*.

Les *glandules du suc gastrique* (fig. 18, B) sont plutôt branchues qu'en forme de grappe. Leur sécrétion est d'une

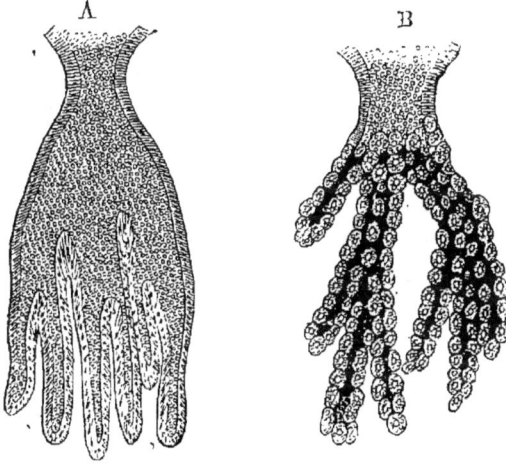

FIG. 18. — Glandules de l'estomac humain ; très-grossies.

A) glandule muqueuse de la partie pylorique ; — B) glandule du suc gastrique.

importance spéciale pour la digestion stomacale. C'est un liquide limpide, d'une saveur acidule et salée, un peu plus dense que l'eau. Il agit sur les carbonates et sur les chlorures, ce qui a fait croire qu'il renfermait de l'acide chlorhydrique libre. Il est chargé d'une certaine quantité d'acide lactique et de chlorure de sodium et d'un petit nombre d'autres substances salines. Le suc gastrique doit surtout son action à la présence d'un principe azoté particulier agissant sur les matières albuminoïdes à la manière d'un ferment. Ce principe lui est fourni par les cellules épithéliales des glandules gastriques ; c'est la *pepsine*, aussi appelée gastérase et chymosine.

Chez les oiseaux, une sécrétion abondante ayant de même une action spéciale sur les aliments est fournie par des glandules qui forment par leur réunion le ventricule succenturié. Le castor a le cardia pourvu d'un appareil assez analogue, mais ne constituant qu'une plaque au lieu d'un anneau complet, comme le ventricule succenturié de la plupart des oiseaux.

D'autres glandules intestinales sont dites *glandules tubiformes* ou en tubes (fig. 9 *b*), parce qu'au lieu d'être en grappes ou en branches raccourcies, elles sont en forme de tubes étroits et cylindriques serrés les uns contre les autres. A cette catégorie appartiennent les *glandules de Lieberkühn* existant dans l'estomac, dans l'intestin grêle et dans le gros intestin.

Nous ne dirons qu'un mot des *glandules closes*. Ces petits organes seraient mieux nommés *follicules clos*. Ils n'ont pas de communication avec l'extérieur. Ce sont de petites outres fermées, placées dans l'épaisseur de la muqueuse digestive et souvent reléguées au-dessous des cryptes ouvertes à sa surface. On ignore leur véritable usage.

2° *Glandes digestives conglomérées*. —- Si l'on suppose des amas plus ou moins volumineux de glandules se réunissant par leurs canalicules particuliers à des canaux secondaires et, ultérieurement, à un canal excréteur unique auquel ceux-ci servent d'affluents, absolument comme les grapillons d'une forte grappe de raisins sont rattachés par leurs pédicelles au pédicule commun de cette grappe, on aura une idée assez exacte des glandes conglomérées ou glandes principales du tube digestif. Il faudra toutefois considérer qu'ici des vaisseaux artériels et veineux en nombre souvent fort considérable, des capillaires plus abondants qu'aux glandules, des lymphatiques, des nerfs et du tissu connectif interposé à toutes ces parties viennent s'ajouter à la grappe sécrétrice pour en former une masse à part, ayant une enveloppe fibreuse propre et restant toujours séparée de la muqueuse digestive à laquelle elle n'est plus rattachée que par le canal destiné à l'écoulement de sa sécrétion. Les glandes conglomérées deviennent ainsi de véritables parenchymes, mais une dissection délicate, accompagnée d'une analyse microscopique attentive, permet d'en retrouver les divers éléments histologiques. Les principales glandes de cet ordre qui dépendent du tube digestif sont les salivaires, le pancréas et surtout le foie. Nous les examinerons successivement, ainsi que les sucs qu'elles fournissent à la digestion.

Glandes salivaires et salive. — Chez l'homme et chez les animaux supérieurs, les glandes qui versent la salive dans la cavité buccale sont des glandes en grappes; elles sont de trois sortes : les sub-linguales, les sous-maxillaires et les parotides.

Les dénominations sous lesquelles nous venons de les énumérer indiquent la place occupée par chacune de ces glandes. Leur fonction est de sécréter la *salive*, humeur fluide, qui sert à ramollir les aliments et vient en aide à la mastication pour rendre la déglutition plus facile. La salive est en outre douée d'une action chimique spéciale, analogue à celle de la diastase. Elle en est redevable à un principe particulier, la *ptyaline*[1], qui s'y trouve mêlée. La ptyaline commence la transformation des aliments amylacés en sucre. Les fécules qui en ont été imprégnées perdent le caractère propre aux substances de cet ordre de bleuir par la teinture d'iode.

Il importe de remarquer que les salives des trois glandes salivaires ne jouissent pas de propriétés absolument identiques, et après avoir parlé de la salive mixte constituée par leur mélange, nous devons aussi dire quelques mots de chacune de ces glandes prises en particulier et indiquer la nature spéciale de son produit.

1° *Glandes sub-linguales.* — Elles forment un groupe placé sous la langue en arrière de la symphyse du menton, et elles versent leur salive par plusieurs canaux qui s'ou-

---

1. De *ptualein*, cracher.

vrent auprès du frein de la langue : ces canaux sont les
conduits de Rivinus. La salive des sub-linguales est visqueuse et filante ; elle sert principalement à la déglutition.
La mucosité fournie par les glandules buccales se joint à
elle pour faciliter ce résultat.

2° *Glandes sous-maxillaires*. — Il y en a deux, une
pour chaque côté, placée à la face interne de la mâchoire
inférieure. La salive qu'elles fournissent est portée séparément dans la bouche par un canal propre, dit *canal de
Warthon*, qui s'ouvre par un orifice extrêmement étroit de
chaque côté du frein de la langue, à peu de distance des
canaux particuliers des sub-linguales. La salive due aux
sous-maxillaires est plus abondante chez les carnivores et
surtout chez les édentés que chez les granivores. Son action paraît spécialement liée à la gustation. C'est elle qui
s'échappe par petits jets dans l'intérieur de la bouche,
lorsque quelque substance acidule ou certaines friandises
excitent nos désirs. Elle est plus liquide que la précédente.
Chez les édentés les glandes qui la fournissent dépassent
en volume les deux autres groupes de salivaires.

3° *Glandes parotides*. — Celles-ci ont habituellement
plus de développement que les autres, et il en est ainsi
chez l'homme. Elles doivent leur nom à la place qu'elles
occupent auprès des oreilles ; il y en a aussi une pour
chaque côté, et son canal, dit *canal de Stenon*, vient aboutir
auprès de la deuxième molaire supérieure.

Leur salive est particulièrement utile dans la mastication, et elles versent sur les aliments une quantité considérable de ce liquide ; aussi acquièrent-elles chez les mammifères herbivores et granivores un volume considérable,
tandis qu'elles sont beaucoup plus petites chez les carnivores et surtout chez les animaux aquatiques dont les
aliments n'ont, pour ainsi dire, pas besoin d'être hu-
mectés.

On appelle *glande de Nuck* une glande salivaire supplémentaire propre à certains animaux (chien, chat, cheval,
bœuf, mouton, etc.), dont le canal s'ouvre en arrière des

dents molaires supérieures; sa salive est visqueuse comme celle des sub-linguales.

Pancréas. — Cette autre glande (fig. 19) est située au commencement de l'intestin grêle ; elle verse son produit dans le duodénum. Par ses caractères anatomiques, autant que par la nature et le mode d'action du fluide qu'elle sécrète, elle a une grande analogie avec les salivaires ; aussi a-t-elle été appelée pendant longtemps *glande sali-*

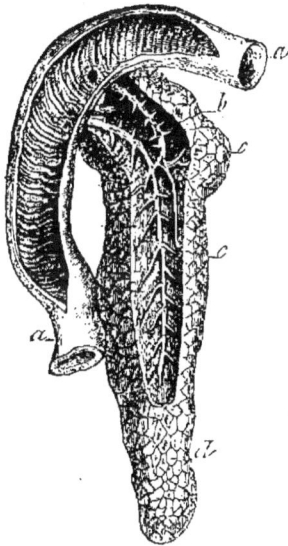

Fig. 19. — *Pancréas de l'homme.*

a) partie du duodénum, dans laquelle est versé le suc pancréatique; — b) petite branche du canal pancréatique dont on a montré, au moyen de la dissection, les principales origines dans l'intérieur du pancréas; — cc) grande branche du canal pancréatique; — d) la masse du pancréas.

vaire abdominale. Son canal, dit *canal pancréatique* ou *de Wirsung,* est double, une partie des rameaux excréteurs de la glande se réunissant à part pour former une branche plus petite et plus rapprochée de l'estomac. Le tronc principal s'accole au canal cholédoque chargé de verser la bile dans l'intestin et débouche tout près de lui. Dans quelques espèces il en est plus séparé; ce qui permet d'employer ces animaux dans les expériences destinées à montrer le véritable rôle du suc pancréatique.

On a reconnu la présence du pancréas chez tous les vertébrés aériens. Quoi qu'on en ait dit, il existe aussi chez les poissons, et l'on peut citer au nombre de ceux qui l'ont plus développé que les autres, les raies, les squales, et les brochets. On ne doit donc plus considérer comme étant une transformation du pancréas dans les animaux de cette classe les appendices en culs-de-sac dits *cœcums pyloriques*, que beaucoup d'entre eux présentent autour de la partie pylorique de l'estomac[1].

Le suc pancréatique renferme, comme la salive, des combinaisons salines et plusieurs substances quaternaires en dissolution dans une proportion considérable d'eau. Son principe actif est la *pancréatine*, fort analogue à la ptyaline, et opérant comme elle la transformation des fécules ou aliments amylacés en sucre ; c'est une sorte de diastase. On démontre ses propriétés en ménageant le déversement du suc gastrique au dehors, au moyen d'une fistule pratiquée artificiellement, et en le faisant agir à une température de 35 ou 40° sur les substances dont il vient d'être question. Leur transformation s'opère aussi complétement que dans l'économie vivante, ce qui montre la nature purement chimique de ce phénomène. On sait depuis un certain nombre d'années que le suc pancréatique sert également à émulsionner les matières grasses, et que, par suite, il concourt à en faciliter l'absorption.

Foie. — C'est la plus volumineuse de toutes les glandes. Quoique le foie soit primitivement double et placé sur la ligne médiane chez les animaux supérieurs, il se trouve refoulé à droite par le fait, également adventif, de l'enroulement des viscères digestifs. Sa fonction principale est de sécréter la *bile* ; mais il en a une autre dont la démonstra-

1. *Zoologie, Notions préliminaires*, fig. 85 et 86.

tion et l'explication sont dues à MM. Claude Bernard, Barreswil et Schiff. C'est celle de fournir du sucre à l'économie et d'être, dans les animaux, le principal agent de la transformation des principes amylacés en glucose ou matière sucrée. Des granulations se rapprochant par leur nature chimique de la fécule ou amidon se développent même dans son propre tissu. C'est là ce qu'on nomme la *fonction glycogénique* du foie.

Il résulte de cette dernière propriété du foie que le sang amené à cet organe par les veines sous-hépatiques, et qui est pauvre en matière sucrée mais chargé au contraire en plus grande abondance des principes de la bile, est pourvu, lorsqu'il en sort, d'une quantité notable de sucre.

On juge de la quantité plus ou moins grande du sucre du sang par la quantité de matière fermentescible, c'est-à-dire transformable en acide carbonique et en alcool, que l'on peut en extraire.

Le réactif cupropotassique fournit un autre moyen de reconnaître si le sang ou toute autre humeur organique renferme ou non du sucre.

Le foie se partage en plusieurs lobes et lobules, enveloppés les uns et les autres d'une capsule fibreuse (*capsule de Glisson*).

Dans l'homme cet organe pèse de 1500 à 2000 grammes et il a de 28 à 33 centimètres de diamètre transversal, sur 15 à 28 de développement antéro-postérieur. Le péritoine ne le recouvre qu'en partie. Sa substance présente un aspect granuleux, et les *granules* qu'on y remarque sont autant de points sécréteurs ou glandules ici agglomérées en très-grand nombre retirant la bile des vaisseaux qui se rendent au foie. Ils la versent dans des canalicules qui se réunissent les uns aux autres pour constituer les *canaux biliaires* ou hépatiques et, en fin de compte, dans le canal biliaire principal qui, à son tour, la conduit en partie dans un réservoir appelé *vésicule biliaire* ou poche du fiel, en partie dans le *canal cholédoque*. Ce dernier est le canal spécialement chargé de verser la bile du foie et celle de la

vésicule biliaire dans l'intestin; il porte donc au duodénum la bile hépatique, venant directement du foie, et la
bile cystique, c'est-à-dire celle qui a séjourné dans la vésicule.

Le système vasculaire est très-développé dans le foie. La
veine qui y apporte le sang chargé des principes de la bile
résulte de la réunion des veines de la rate, du pancréas,
de l'estomac et des intestins; elle s'y ramifie à la manière
des artères; c'est la *veine porte*, dont les différentes divisions réunies sous le nom de veines sous-hépatiques vont,
après leur sortie, retrouver la veine cave.

Certains animaux ont une vésicule biliaire, tandis que
d'autres en manquent; dans l'embranchement des vertébrés, les premiers sont en plus grand nombre que les
seconds.

Chez les poissons le foie est souvent très-considérable, et
il forme dans certaines espèces deux énormes lobes, l'un à
droite, l'autre à gauche (fig. 4 *f*). Il se charge aussi d'une
grande quantité de principes huileux. L'huile retirée du
foie de la morue ainsi que de celui de plusieurs autres espèces de gades, des raies, de squales, etc., est employée
en médecine sous le nom d'huile de foie de morue. C'est
un principe dépurateur, propriété qui tient sans doute
à la présence dans cette huile d'une certaine quantité
d'iode.

La sécrétion de la *bile* sert à la dépuration du sang noir.
Ce liquide a aussi une action émulsive sur les matières
grasses en digestion; en outre il neutralise l'acidité du
chyme et retarde la putréfaction des excréments jusqu'a-
près leur expulsion des voies digestives.

La bile est de consistance visqueuse, colorée en jaune-
verdâtre chez l'homme et en vert brun chez le bœuf. On y
trouve, comme base essentielle, de la soude combinée avec
deux acides quaternaires, l'acide cholique et l'acide choléique. La taurine de la bile est un principe différent qui
résulte de la décomposition d'une certaine quantité de
son acide choléique. Indépendamment de la taurine cette

décomposition fournit aussi du glycocolle ou sucre de gélatine.

La bile donne encore de la cholestérine, principe ternaire assez analogue aux corps gras, mais incapable de se saponifier; cette substance forme la plus grande partie des calculs biliaires.

Examinée au microscope, la bile montre des plaques d'une matière colorante jaune verdâtre, des petits cristaux de cholestérine et des globules de mucosité.

M. Pettenkofer a donné la recette d'une liqueur, propre à faire reconnaître la bile, liqueur à l'aide de laquelle on démontre que cette sécrétion existe toute formée dans le sang, et que le foie ne fait qu'en opérer la séparation. On sait d'ailleurs que si, par suite de quelque altération maladive, le sang traverse le foie sans s'y débarrasser de la bile, ou que celle qui y a été sécrétée soit résorbée, les yeux, la peau, etc., prennent une couleur jaune très-prononcée; c'est là ce qui cause la jaunisse ou ictère. Les reins en opèrent alors l'élimination, et les urines ne tardent pas à en être abondamment chargées, tandis que les matières fécales sont décolorées par suite de la suppression du même principe dans les intestins.

V

Théorie de la digestion.

Pendant longtemps on n'a eu au sujet de la manière dont s'opèrent les phénomènes digestifs, que des notions très-vagues. Les uns, à l'exemple d'Érasistrate, petit-fils d'Aristote, ne voulaient y voir qu'un travail mécanique; d'autres disaient avec Hippocrate que c'est une sorte de coction, ce qui signifiait qu'elle était plutôt chimique que mécanique, et Platonicus, disciple de Praxagore, la comparait à une putréfaction, c'est-à-dire à une espèce de fermentation. Il y a du vrai dans ces diverses opinions, mais aucune d'elles ne rend suffisamment compte de l'importante fonction dont nous venons de passer en revue les différents organes et leur défaut est d'être trop exclusives.

Pendant le dernier siècle, des expériences, surtout entreprises par Réaumur et par Spallanzani, ont mis en évidence la complexité de phénomènes digestifs dont quelques-uns sont réellement chimiques et comparables à ceux de la coction ou de la fermentation, et les autres de nature mécanique ou purement physiques et conformes à l'hypothèse d'Érasistrate. Plus récemment les progrès des sciences physico-chimiques ont conduit la théorie de la digestion bien au delà du point où l'avaient laissée les deux savants physiologistes du dix-huitième siècle que nous venons de citer.

Parmi les actions mécaniques concourant à la digestion, la plus facile à constater est la mastication, dont le but est de concasser les aliments et de les broyer de manière à ce qu'ils puissent ensuite être facilement pénétrés par les fluides sécrétés, soit par la salive dans la bouche, soit par les sucs gastrique, pancréatique ou biliaire dans l'estomac et dans le duodénum.

Nous avons déjà vu que les ruminants ramènent sous leurs dents, pour les mâcher de nouveau et d'une manière plus complète, les aliments introduits à la hâte dans la première poche de leur estomac. Certaines espèces ne les broient réellement que dans cette poche, qui est alors garnie de pièces dures ou munie de muscles puissants. C'est dans ce dernier cas que se trouvent les oiseaux pourvus d'un gésier. Ces oiseaux sont principalement des espèces granivores ou insectivores, et chez eux le ventricule succenturié joue un rôle considérable dans la digestion de la cellulose des graines de consistance ligneuse.

On peut également citer comme doué d'une action essentiellement mécanique l'estomac de certains crustacés et mieux encore celui des bulles, genre de mollusques marins chez lesquels cet organe est soutenu par un appareil calcaire qui a été pris par un naturaliste italien, Gioeni, pour la coquille d'un animal d'un genre différent.

Mais la mastication buccale et l'intervention de l'estomac n'ont pas uniquement pour but une action mécanique. Un complément indispensable de la mastication chez l'homme et chez beaucoup d'espèces, est l'insalivation, destinée à rendre les aliments plus faciles à avaler. La salive agit en même temps, par sa ptyaline ou principe actif, sur leurs substances amylacées ou féculentes et elle en commence la transformation en glucose ou matière sucrée. Nous savons, en effet, que l'action de la ptyaline est analogue à celle de la diastase, et nous retrouverons la même transformation chimique de l'amidon en principe sucré chez les végétaux lorsque nous étudierons leurs fonctions nutritives.

La mastication et l'insalivation étant accomplies, la déglutition intervient pour faire passer les aliments de la bouche dans l'estomac en les obligeant à traverser l'œsophage. Cet acte est du nombre de ceux qui sont essentiellement mécaniques. Les aliments arrivent ainsi dans l'estomac sous la forme d'une pâte molle, mélange des substances salines avec les principes ternaires gras ou féculents et les principes quaternaires, tels que la gélatine, la fibrine, l'albumine, la caséine, etc. C'est sous l'influence des sécrétions stomacales, principalement du suc gastrique, ainsi que par le ressassement opéré au moyen des contractions de l'estomac que le bol alimentaire prend une apparence homogène. On a donné à cette opération le nom de *chymification*.

Réaumur voulant s'assurer si l'estomac agit en dissolvant les aliments ou au contraire en les broyant mécaniquement par la force de ses contractions, introduisit dans cet organe, chez des animaux, de petites sphères métalliques percées de trous et remplies de viande. Les mouvements de l'organe, étant ainsi supprimés, par la résistance des boules, la viande n'en fut pas moins dissoute grâce aux sucs versés par l'estomac, et l'on acquit la preuve que la digestion stomacale est avant tout un acte de dissolution.

Vers la même époque, Stevens répéta cette expérience sur un homme qui avait la faculté, propre à quelques bate-

leurs, de pouvoir introduire dans son estomac des corps
étrangers, et de les vomir ensuite à volonté. Ses conclusions furent analogues à celles de Réaumur.

Il en fut de même pour Spallanzani qui, en retirant, au
moyen d'éponges, du suc gastrique de l'estomac de différents animaux et en agissant ensuite en vase clos et à une
température convenable au moyen du suc exprimé de ces
éponges sur des substances alimentaires, réussit à opérer
artificiellement et en dehors de l'organisme de véritables
digestions de viande.

Plus récemment, W. Beaumont, ayant pu faire des expériences sur un Canadien qui avait une ouverture fistuleuse de l'estomac, suite d'un coup de feu, reconnut aussi
l'action dissolvante que cet organe exerce sur les aliments,
et le docteur Blondlot, de Nancy, a répété ces observations
sur des animaux auxquels il pratiquait des fistules stomacales artificielles, c'est-à-dire des perforations de cet organe
communiquant avec le dehors.

C'est sur les substances de composition quaternaire que
le suc gastrique agit particulièrement, et l'estomac est le
siége de la digestion de ces aliments ainsi que le lieu où ils
sont absorbés. Il en détermine la dissolution et permet leur
absorption par les veines à travers les parois de sa propre
cavité. C'est aussi à travers ses parois qu'a lieu en grande
partie l'absorption des boissons.

La chymification est donc un phénomène complexe, duquel résulte la possibilité, pour les substances quaternaires
et par conséquent azotées, d'être absorbées immédiatement, et, pour les substances ternaires, soit grasses, soit
amylacées, celle de continuer séparément leur route, c'est-
à-dire de passer de l'estomac dans les intestins. C'est pourquoi l'expérience qui consiste à faire digérer artificiellement
des aliments au moyen de suc gastrique retiré de l'estomac ne réussit pas lorsqu'au lieu de chair musculaire, de
cervelle, de caséum ou de toute autre substance analogue
et de nature plastique, on emploie des fécules ou des corps
gras.

L'absorption de ces derniers exige une seconde digestion qui a lieu dans l'intestin au moyen du suc pancréatique et de la bile; et cela est tellement vrai que si, au lieu d'employer inutilement du suc gastrique pour la digestion artificielle des aliments féculents, on a recours à du suc pancréatique, leur transformation s'opère aussi promptement que si le phénomène se passait dans les intestins. Dans le but de faire plus aisément ces essais, on a pratiqué sur des animaux des fistules permettant d'éconduire le suc fourni par le pancréas et de le recueillir extérieurement au fur et à mesure qu'il se produit.

M. W. Bush, médecin de l'hôpital de Bonn, a pu observer avec attention une femme chez laquelle un coup de corne de taureau avait déterminé une plaie fistuleuse du duodénum, et dans ce cas, pour ainsi dire complémentaire de celui décrit par Beaumont, il a constaté que le chyme arrive dans l'intestin après avoir perdu la plus grande partie des substances plastiques qui faisaient partie des aliments ingérés, et qu'il ne se compose plus guère que des corps gras et amylacés contenus dans les aliments ingérés.

Le suc pancréatique détermine la transformation des matières amylacées en un principe sucré qui est ensuite absorbé par les intestins. C'est le *chyle* qui passe à travers les parois intestinales pour être reçu, non plus dans les veines, comme cela a lieu pour les aliments plastiques digérés dans l'estomac, mais dans des vaisseaux particuliers appelés *vaisseaux chylifères*. En outre, le suc pancréatique concourt, avec la bile, à l'émulsion des aliments gras, et c'est après avoir été ainsi émulsionnés que ces derniers sont absorbés par les vaisseaux chylifères et versés par eux dans la masse du sang.

Cependant le chyme intestinal, tel qu'il est transmis par l'estomac au duodénum, possède encore une faible quantité de principes plastiques ou azotés; la digestion s'en termine dans les intestins, et, chez certaines espèces, le cœcum constitue sur le trajet de ces derniers un réservoir qu'on a souvent comparé à un second estomac. On le trouve rempli de la portion des aliments qui n'a pas encore subi l'action des sucs digestifs, et diverses glandules de l'intestin achèvent, en ce qui concerne les principes azotés, le travail commencé par l'estomac lui-même.

Peu à peu s'opère, à travers les parois de l'intestin, l'absorption des matières assimilables; mais celles qui n'ont pas la propriété de pouvoir être utilisées par l'économie, ou qui ont résisté pour une cause quelconque à l'action des sucs digestifs, sont rejetées au dehors par l'anus. Tel est le mode de formation des excréments ou fécès, dans lesquels on retrouve, avec les matières incapables de servir à la nourriture des animaux, celles qui n'ont subi pendant leur trajet à travers le canal digestif aucune modification ou n'ont été qu'incomplétement transformées.

CHAPITRE IV.

DE LA CIRCULATION ET DE SES ORGANES.

Du sang. — Le sang est le plus important des liquides de l'économie animale, et celui dont la masse est la plus considérable. C'est de lui que presque tous les autres liquides et tous les organes tirent leurs matériaux; il trouve lui-même dans les produits de la digestion le moyen de réparer ses pertes, et dans la respiration ou l'urination celui de se débarrasser de la portion de ses principes que l'activité vitale a altérés.

Le sang est absolument nécessaire à l'exercice de la vie. Lorsque, par suite d'une saignée abondante ou d'une blessure grave, l'homme ou les animaux ont perdu une quantité notable de ce liquide, ils ne tardent pas à s'affaisser sur eux-mêmes, et on les voit périr bientôt, si l'on est dans l'impossibilité de leur rendre immédiatement le liquide vivant qu'ils viennent de perdre.

On avait pensé autrefois qu'il serait possible de recourir, dans des cas de cette nature, à la transfusion, et l'on faisait passer des veines d'un ou de plusieurs individus bien portants dans celles du sujet qu'un accident ou une maladie avaient rendu exsangue, du sang en quantité suffisante pour le ramener à la vie. Dans plusieurs occasions on a vu ce procédé héroïque couronné de succès. Mais il s'en faut de beaucoup que l'opération réussisse toujours, et malgré le retentissement qu'elle a obtenu, on n'y a plus recours que très-rarement. Dans les expériences physiologiques on la répète quelquefois sur des animaux, pour montrer que les différents principes du sang sont indispensables à l'entretien de la vie. Alors on transfuse, soit du sang qui n'a subi aucune altération, soit du sang auquel on a enlevé l'une de ses parties constituantes, les globules ou la fibrine par exemple. La vie peut être ranimée par la première expérience ; la mort est la conséquence plus ou moins prochaine, mais inévitable, de la seconde.

Anatomiquement, le sang est composé de deux parties. L'une est liquide pendant la vie, quoique renfermant des principes coagulables : c'est le sérum , mieux nommé *plasma;* l'autre consiste en nombreux corpuscules microscopiques appelés *globules rouges, globules blancs* et *globulins,* que la partie liquide charrie avec elle dans sa course à travers l'organisme.

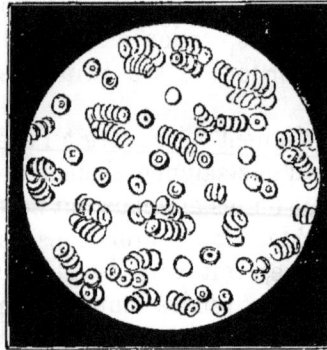

FIG. 20. — Globules sanguins de l'*homme* (grossis).

Globules rouges. — Chez l'homme et chez presque tous les autres vertébrés, les globules sanguins sont de couleur rouge ; ce sont eux qui donnent au sang la teinte qui le distingue. Ces corpuscules, qu'on ne voit qu'à l'aide du microscope, furent aperçus en 1658, par Swammerdam, dans le sang des grenouilles ; mais il ne publia pas sa découverte.

En 1673, Malpighi les observa à son tour dans le sang du hérisson ; il les prit pour des globules graisseux.

Les globules du sang sont, au contraire, formés en grande partie de deux principes albuminoïdes, c'est-à-dire quaternaires. L'un est analogue à l'albumine véritable, quoique différant de cette substance par quelques légères particularités : c'est la *globuline* ou matière fondamentale des globules. L'autre, appelé *hématosine*, en est la partie colorante : les quatre éléments ordinaires des principes immédiats y sont associés à une certaine proportion de fer.

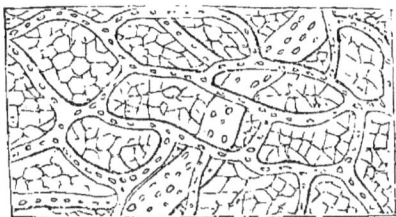

Fig. 21. — Portion d'un organe très-grossie, dans laquelle on aperçoit les anastomoses des vaisseaux capillaires et les globules sanguins circulant dans l'intérieur de ces vaisseaux.

L'hématosine donne aux globules sanguins la couleur qui les distingue, et c'est à ces corpuscules que le sang doit sa teinte rouge, le plasma étant incolore, comme on peut s'en assurer en recourant à la filtration de ce liquide. L'action de l'oxygène donne aux globules la teinte rutilante ou vermeille qui se remarque dans le sang du système aortique (sang rouge, oxygéné ou aortique); mais l'acide carbonique dont il se charge dans les organes le rend plus foncé et d'un violet noirâtre (sang noir, dit aussi sang veineux, quoique les veines qui reviennent des poumons renferment du sang rouge). Le branchiostome (fig. 78), petite espèce de poisson d'une organisation très-inférieure à celle des autres animaux de la même classe, et peut-être aussi quelques autres poissons se rapprochant des anguilles par leurs caractères génériques, sont les seuls vertébrés qui aient les globules incolores et par suite le sang blanc.

Les globules sanguins ne sont pas de forme sphérique, comme leur nom semblerait l'indiquer. Ce sont des disques aplatis, circulaires dans certains animaux, ovalaires dans d'autres. Les mammifères, sauf un très-petit nombre d'exceptions parmi lesquelles nous citerons les chameaux et les lamas, ont les globules de forme circulaire. Le diamètre de ceux de l'homme égale $\frac{1}{126}$ de millimètre ; ceux du cheval, du mouton et du bœuf n'ont que $\frac{1}{200}$ de millimètre ; ceux de la chèvre, $\frac{1}{270}$ de millimètre seulement. Les globules du sang des chameaux et des lamas ont $\frac{1}{125}$ de millimètre dans leur plus grand diamètre, et $\frac{1}{220}$ dans le plus petit.

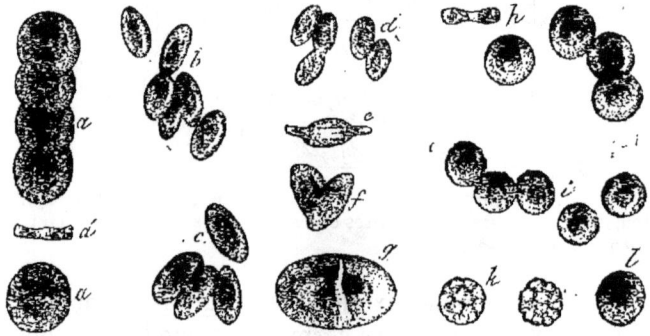

FIG. 22. — *Globules sanguins* (grossis).

a) globules du sang humain, vus sous différents aspects ; — b) globules sanguins du *Chameau* ; — c et d) id. d'*oiseaux* ; — e) id. de *grenouille*, vus par la tranche ; — f) id. de *Protée* ; — g) id. de la *Salamandre*, dont on a déchiré la membrane extérieure ; — h) id. de la *Lamproie* ; — i) id. du *Homard* ; — k) id. de la *Limace*.

k) est un leucocyte ou globule blanc du sang humain.

La forme elliptique est ordinaire aux globules sanguins des vertébrés ovipares, et les batraciens sont, de tous ces animaux, ceux qui possèdent les plus volumineux ; chez les poissons cyclostomes, ces petits organes sont de forme sphérique.

Voici quelques mesures des globules sanguins prises dans les différentes classes des vertébrés ovipares :

Oiseaux: Paon, moineau et chardonneret, $\frac{1}{80}$ mm. et

$\frac{1}{100}$ mm.; mésange bleue, $\frac{1}{90}$ et $\frac{1}{162}$; pigeon, $\frac{1}{78}$ et $\frac{1}{143}$; autruche, $\frac{1}{66}$ et $\frac{1}{118}$.

Reptiles : Tortue grecque, $\frac{1}{49}$ et $\frac{1}{87}$; caïman, $\frac{1}{52}$ et $\frac{1}{84}$; lézard vert, $\frac{1}{61}$ et $\frac{1}{108}$; couleuvre à collier, $\frac{1}{54}$ et $\frac{1}{85}$.

Batraciens : Grenouille verte, $\frac{1}{45}$ et $\frac{1}{66}$; salamandre tachetée, $\frac{1}{28}$ et $\frac{1}{45}$; triton à crête, $\frac{1}{33}$ et $\frac{1}{51}$; grande salamandre du Japon, $\frac{1}{19}$ et $\frac{1}{32}$; protée, $\frac{1}{13}$ et $\frac{1}{44}$; sirène, $\frac{1}{16}$ et $\frac{1}{30}$.

Poissons : Perche, $\frac{1}{83}$ et $\frac{1}{111}$; carpe, $\frac{1}{65}$ et $\frac{1}{95}$; anguille, $\frac{1}{69}$ et $\frac{1}{112}$; raie bouclée, $\frac{1}{35}$ et $\frac{1}{60}$; lamproie, $\frac{1}{87}$.

Les globules sanguins sont bien de la nature des cellules, et à l'aide de réactifs on peut mettre en évidence leur membrane enveloppe ainsi que leur noyau. Lorsqu'on veut en conserver pour les observer ultérieurement, il suffit de les laisser dessécher sur une lame de verre. On peut aussi en garder pendant longtemps en versant dans un sirop de sucre quelques gouttes de sang : les globules s'y maintiennent intacts. C'est ainsi que plusieurs physiologistes ont pu faire en Europe une étude attentive des globules sanguins de différents animaux exotiques qui n'avaient pas encore paru dans nos ménageries.

On a constaté un fait plus curieux. Des os conservés depuis un temps fort long dans le sol et que l'on peut regarder comme étant fossiles renferment encore des globules laissés par les courants sanguins qui les parcouraient durant la vie des animaux dont ils proviennent. En traitant ces os par l'acide chlorhydrique étendu on en obtient la gangue organique dans les mailles de laquelle on peut, à l'aide du microscope, retrouver les globules sanguins. On a observé ainsi ceux de plusieurs animaux d'espèces éteintes dont les ossements abondent dans le limon des cavernes : mammouth, hyène, grand ours.

En médecine, lorsqu'il s'agit de juger de l'origine humaine ou animale, de quelques taches de sang constatées sur les vêtements d'un individu accusé de crime, on a recours à la facilité avec laquelle les globules sanguins desséchés depuis longtemps reprennent leur forme primitive, et l'on cherche à constater, par l'observation microscopique, la nature du sang de cette tache. On arrive ordinairement, en mesurant les globules, à reconnaître de quelle espèce ce sang provient, homme, animal mammifère ou oiseau, et l'on en tire telles conclusions que comportent les circonstances de l'accusation.

Les globules rouges sont très-rares chez les animaux sans vertèbres ; cependant on a constaté leur présence chez des espèces appartenant à des groupes assez différents les uns des autres (annélides, échinodermes, etc.). Généralement lorsque les animaux sans vertèbres ont le sang rouge, c'est au sérum que ce liquide doit sa couleur, tandis que chez les animaux vertébrés il la doit aux globules dont nous avons parlé dans ce paragraphe. La couleur rouge du sang de la plupart des annélides tient donc à la couleur de leur sérum.

Globules blancs ou *leucocytes*. — Indépendamment des globules rouges qui lui donnent sa couleur, le sang des vertébrés renferme une quantité notable, mais cependant moins considérable, de petits globules blancs. Ces corpuscules, qui se retrouvent aussi dans la lymphe, sont plus nombreux dans les très-jeunes sujets que dans ceux qui sont plus avancés en âge. Chez l'homme ils sont aux globules rouges dans la proportion de $\frac{1\ \text{à}\ 2}{100}$. Ils ne circulent que par instants. Si l'on examine au microscope la circulation sanguine, on les voit le plus souvent fixés à la paroi interne des vaisseaux capillaires, et ils ne se mêlent à la masse des globules rouges que par intervalles et d'une manière intermittente. Ils ont environ $\frac{1}{100}$ de mm. en diamètre.

Globulins. — Ce sont d'autres éléments anatomiques du sang qui se retrouvent aussi dans la lymphe et dans le chyle ; ils sont encore plus rares que les globules blancs et il n'y en a guère que 1 pour 10 ou même 20 de ces derniers ; leur diamètre moyen ne dépasse pas $\frac{1}{400}$ de mm.

Plasma du sang; sa composition chimique. — La partie fluide du sang ou plasma sanguin est un liquide très-complexe dans sa composition et très-facilement altérable. L'âge, le sexe, l'état physiologique du sujet, les conditions de l'alimentation et les influences de la santé ou de la maladie apportent certains changements dans la proportion relative des nombreux composés chimiques qui concourent à la former. Diverses substances peuvent également s'y mêler accidentellement, qu'elles soient apportées, même chez des sujets bien portants, par l'absorption alimentaire ou cutanée, ou bien encore par la respiration. Chez les malades, la médication introduit aussi dans le sang, soit par les voies digestives, soit par la peau, des substances qui peuvent aisément y être retrouvées par l'analyse chimique. Leur présence dans les urines, après un temps plus ou moins long, est une preuve non moins concluante de la facilité avec laquelle elles ont parfois été absorbées.

Les détails exposés dans les chapitres qui précèdent nous ont déjà conduit à supposer que le sang devait renfermer en certaine quantité les différents principes chimiques dont les organes sont eux-mêmes constitués, ainsi que les matériaux destinés à la formation des produits qui doivent être rejetés au dehors par les sécrétions. C'est en effet ce qui a lieu. Il y a dans le plasma du sang, outre l'eau qui constitue près des $\frac{7}{10}$, des matériaux indispensables; ce sont :

1° Des principes albuminoïdes ou protéiques, c'est-à-dire des matières de composition quaternaire, telles que de la fibrine, de l'albumine, de la globuline, de l'hématosine, etc.;

2° Des matières grasses : cholésterine, cérébrine, acides gras divers, oléine, stéarine;

3° Du glucose, matière sucrée, principalement due à la transformation, sous l'influence des diastases salivaire, pancréatique et hépatique, des substances amylacées apportées par les aliments ou provenant du foie;

4° Des matières salines, telles que du chlorure de sodium, du carbonate de soude, du phosphate de soude, du phosphate de chaux, du phosphate de magnésie, etc.

On a aussi indiqué la présence normale dans le sang d'une certaine quantité de caséine et d'urée.

Coagulation du sang. — Le sang tiré d'une veine ne

tarde pas à se partager en deux parties distinctes. En effet, la fibrine, soumise à des conditions différentes de celles où elle se trouvait dans les vaisseaux, se précipite immédiatement en se coagulant. Elle descend comme un nuage au fond du vase et entraîne les globules pour former avec eux une masse consistante, qui est le *caillot*. Le reste, ou la partie liquide du plasma sanguin, se sépare alors et constitue le *sérum* proprement dit, dans lequel restent en dissolution les autres principes du sang, plus particulièrement l'albumine et les substances salines.

On sait qu'un des caractères de l'albumine est de se coaguler par l'action de la chaleur ; aussi, en chauffant le sérum, le voit-on bientôt se prendre en masse, par suite de la coagulation de l'albumine qu'il renferme.

Le caillot est rouge parce qu'il a emprisonné les globules sanguins qui sont précisément les matériaux colorants du sang, et ce sont quelques-uns de ces corpuscules, restés en suspension dans le sérum, qui donnent à ce liquide la teinte plus ou moins rosée qui le distingue habituellement. En filtrant le sang, de manière à retenir tous les globules sur le filtre, on obtiendrait du sérum parfaitement limpide.

Une solution de chlorure de sodium retarde la coagulation du sang ; c'est pour cela qu'une coupure ou une piqûre saignent plus longtemps si l'on tient la partie lésée dans de l'eau de mer ou dans de l'eau salée.

Quand on filtre du sang avant sa coagulation, la fibrine passe dans le sérum en même temps que l'albumine, mais elle se coagule bientôt après. Par suite de l'absence des globules, le caillot est alors dépourvu de toute coloration. C'est l'abondance de la fibrine dans les maladies inflammatoires qui produit la couche épaisse et blanche de cette substance, dont le caillot est alors recouvert et que l'on appelle *couenne inflammatoire*.

D'autres différences, mais d'une moindre importance, s'observent aussi dans le sang humain suivant l'âge, le sexe, ou les conditions physiologiques, et diverses maladies, différentes de l'état inflammatoire, y déterminent également des modifications remarquables que les médecins ont décrites avec soin.

Cœur. — Chez l'homme, le cœur est placé dans la poitrine, vers sa partie moyenne, un peu à gauche de la ligne médiane, plus rapproché de la paroi antérieure que de la postérieure dont il est d'ailleurs séparé par le poumon du même côté. Il est enveloppé par les deux feuillets du *péricarde*, membrane de nature séreuse qui l'isole des organes

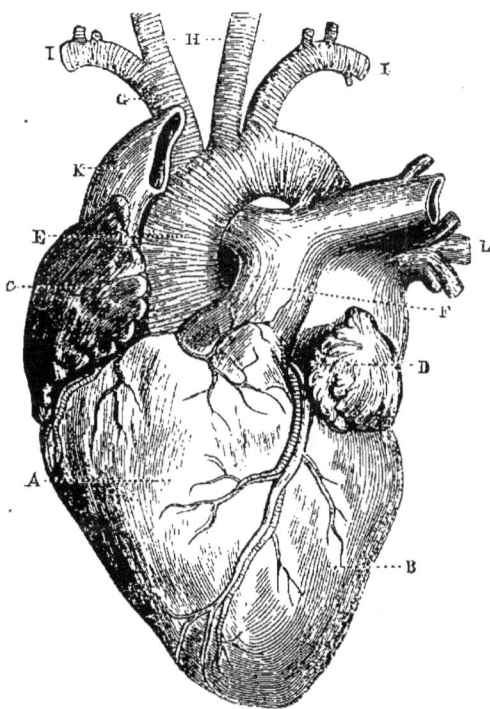

FIG. 23. — Le *cœur*.

a) ventricule droit; — b) ventricule gauche; — c) oreillette droite; — d) oreillette gauche; — e) crosse de l'aorte; — f) artère pulmonaire avant sa bifurcation; — g) tronc brachiocéphalique fournissant l'artère sous-clavière droite et l'artère carotide du même côté; — h) artères carotides primitives droite et gauche; — i) artère sous-clavière droite; — k) veine cave supérieure; — l) veines pulmonaires.

voisins et rend ses battements plus faciles. Sa grosseur est à peu près celle du poing, et il a une forme irrégulièrement conique, à sommet inféro-antérieur.

Le cœur est l'agent principal des mouvements circulatoires.

On peut le regarder comme le centre ou le point de départ et le point d'aboutissement de tout le système vasculaire.

Cependant il n'est lui-même qu'une portion très-limitée de ce système, mais transformée en un muscle volumineux destiné à en faire un agent puissant d'impulsion.

Il est creusé intérieurement de quatre cavités : les deux supérieures, à parois moins résistantes, sont les *oreillettes* ; les deux inférieures, plus charnues, sont les *ventricules*.

La membrane intérieure du cœur est une membrane fibreuse recouverte d'une lame épithéliale; on l'appelle *endocarde*.

Si l'on divise le cœur suivant un plan allant de la base au sommet de cet organe, on reconnaît qu'il y a une oreillette et un ventricule à droite ainsi qu'une oreillette et un ventricule à gauche. Chacune de ces deux moitiés est elle-même en rapport avec l'une des deux grandes divisions du système circulatoire (voir la planche).

A l'oreille droite arrive le sang noir ou qui a servi à la nutrition, ramené par les veines caves, et elle le lance dans le ventricule du même côté, qui l'envoie à son tour dans l'artère pulmonaire. Cette moitié du cœur est donc spécialement affectée à la circulation du sang noir ou sang chargé d'acide carbonique.

Au contraire, l'oreillette gauche reçoit des veines pulmonaires le sang qui vient de s'oxygéner dans le poumon, c'est-à-dire le sang redevenu rouge, et elle le transmet au ventricule gauche pour que celui-ci le chasse ensuite dans le système aortique : la moitié gauche du cœur est ainsi particulièrement affectée à la circulation du sang rouge ou sang hématosé.

C'est pourquoi, au lieu de diviser la circulation en deux temps principaux, la grande circulation ou circulation générale et la petite ou circulation pulmonaire, il est préférable de la partager en circulation du sang noir ayant pour centre d'impulsion la moitié droite du cœur, et circulation du sang rouge dont l'organe moteur est la moitié gauche du même organe (fig. 24). Les faits tirés de l'anatomie comparée confirment pleinement cette seconde classification.

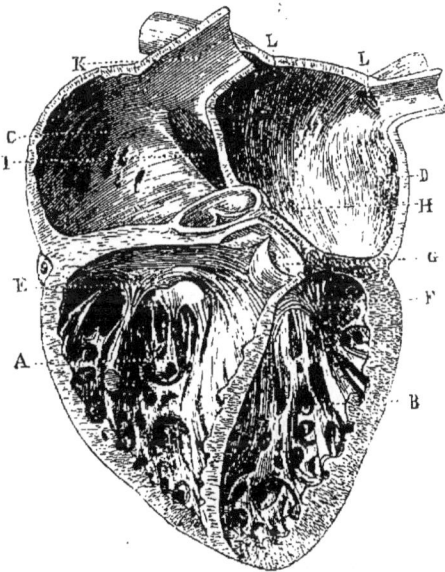

FIG. 24. — Le *cœur* : coupe verticale montrant l'intérieur des quatre cavités.

a) ventricule droit ; — *b*) ventricule gauche ; — *c*) oreillette droite ; — *d*) oreillette gauche ; — *e*) orifice auriculo-ventriculaire droit et valvule tricuspide ; — *f*) *id*. gauche et valvule mitrale ; — *g*) orifice de l'artère pulmonaire ; — *h*) orifice de l'artère aorte ; — *i*) veine cave inférieure ; — *k*) veine cave supérieure ; — *ll*) veines pulmonaires.

En effet les deux moitiés droite et gauche du cœur sont physiologiquement indépendantes l'une de l'autre dans leur destination ; elles le sont aussi dans leurs mouvements, et, jusqu'à un certain point, dans leur conformation anatomique. On a même été conduit, en faisant ces remarques, à admettre que le cœur, au lieu d'être un organe simple, est anatomiquement double, et qu'il résulte de la jonction de deux parties distinctes, ou plutôt de deux cœurs qui pourraient exister séparés l'un de l'autre, le cœur droit et le cœur gauche[1]. Le cœur du dugong[2] et celui de plusieurs cétacés proprement dits a deux pointes bien marquées, répondant à ses deux ventricules, au lieu d'une seule pointe commune à toutes les deux, comme cela se voit au cœur de l'homme ou de la plupart des autres mammifères.

Les fibres musculaires du cœur sont plus abondantes aux ventricules de cet organe qu'aux oreillettes, et leur disposition est assez compliquée. Elles sont entre-croisées sur certains points, enroulées en spirale sur d'autres, et susceptibles d'être partagées en deux ordres principaux. Les unes (*fibres unitives*) sont communes aux deux ventricules qu'elles enveloppent comme d'un sac musculaire adhérant à la face interne ou viscérale du péricarde; les autres sont particulières à chaque ventricule pris isolément : ce sont les *fibres propres*.

Les battements du cœur sont le signe des contractions qu'exécute cet organe pour donner accès au sang dans ses cavités et le chasser dans les deux systèmes artériels. On y distingue la diastole ou dilatation, et la systole ou contraction. Pendant sa dilatation, le cœur fonctionne comme pompe aspirante; il agit au contraire comme pompe foulante dans la contraction.

On compte en moyenne chez l'homme 70 ou 75 contractions ou battements par minute; mais il y en a davantage chez les enfants, et les oiseaux en ont jusqu'à 140. Les poissons, animaux dont la vie est moins active, n'en ont pas plus de 20 à 24.

C'est le nombre de battements du côté gauche qui dé-

1. *Zoologie, Notions préliminaires*, fig. 87.
2. *Ibid.*, fig. 88.

termine celui des pulsations; il varie avec l'état de santé et les diverses conditions de la vie. A une grande hauteur au-dessus du niveau de la mer, le nombre des

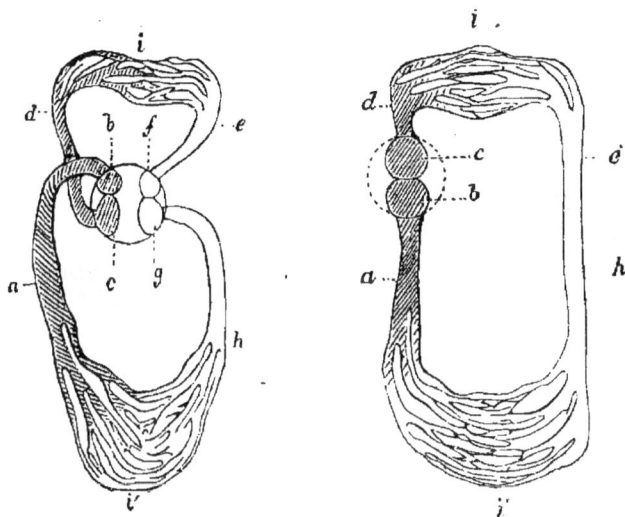

Théorie de la circulation du sang chez les vertébrés.

FIG. 25. — La circulation chez les mammifères et les oiseaux. = *a*) système des veines générales faisant retour au cœur, par les veines caves; — *b*) oreillette droite, qui reçoit le sang noir ramené par ces veines ; — *c*) ventricule droit auquel elles l'envoient; — *d*) artère pulmonaire qui le conduit au poumon; — *e*) système des veines pulmonaires ramenant au cœur gauche le sang hématosé dans les poumons ; — *f*) oreillette gauche, recevant le sang rouge apporté par les artères pulmonaires ; — *g*) ventricule gauche, auquel elle l'envoie; — *h*) système artériel aortique, qui le porte dans les diverses parties du corps pour les nourrir ; — *i*) représente le système des vaisseaux capillaires des poumons, siége de l'hématose ; — *i'*) le système des vaisseaux capillaires des différentes parties du corps, siége de la nutrition et, par suite, de la transformation du sang rouge en sang noir.

FIG. 26. — La circulation chez les poissons. = *a*) système des veines générales, faisant retour au cœur; — *b*) oreillette unique répondant à l'oreillette droite du cœur des mammifères; — *c*) ventricule unique, répondant au ventricule droit des mêmes animaux; — *d*) système de l'artère branchiale, correspondant à l'artère pulmonaire des vertébrés aériens; — *e*) l'origine des vaisseaux aortiques ramenant des branchies le sang qui s'y est pourvu d'oxygène; — *h*) l'aorte; — *i*) vaisseaux capillaires des branchies dans lesquels se fait l'hématose; — *i'*) les vaisseaux capillaires des différentes parties du corps.

pulsations est plus considérable que d'habitude et l'on a constaté qu'il pouvait être de 110 à une altitude de 4000 mètres.

La force de propulsion du cœur a été mesurée pour quelques animaux. On a vérifié que la pression à laquelle elle soumet le sang des artères fait équilibre, chez le cheval, à une colonne mercurielle de 0^m,146, et chez le chien à une colonne de 0^m,084.

Le cœur, avons-nous dit, n'est qu'une modification spéciale du système vasculaire employée à produire de fortes contractions ayant pour but de chasser le sang à travers les artères.

Cet organe existe chez tous les animaux vertébrés et on le retrouve chez beaucoup d'invertébrés. Toutefois, dans le branchiostome (fig. 78), que nous avons déjà signalé comme étant le dernier des poissons, il est remplacé par un simple point pulsatile et n'a pas la complication ordinaire.

Chez ce poisson, inférieur à tous les autres, il existe par compensation des points également contractiles sur d'autres parties du système vasculaire, mais ce ne sont pas davantage de véritables cœurs et on les retrouve, parfois même plus développés encore, chez d'autres animaux de même classe.

Les poissons nous fournissent une preuve nouvelle à l'appui de la théorie qui admet la duplicité du cœur des vertébrés aériens, et cette preuve est tout à fait concluante.

Chez les poissons, le cœur n'a que deux cavités, l'une et l'autre situées sur le trajet du sang noir et ne répondant par conséquent qu'à la moitié du cœur des vertébrés à respiration aérienne (fig. 32).

Cependant les lépidosirènes (fig. 27), qui sont de singuliers poissons, propres à certaines parties de l'Amérique méridionale et de l'Afrique, respirant à la fois par des poumons et des branchies, ont deux oreillettes bien qu'ils ne possèdent qu'un seul ventricule (fig. 28 et 29).

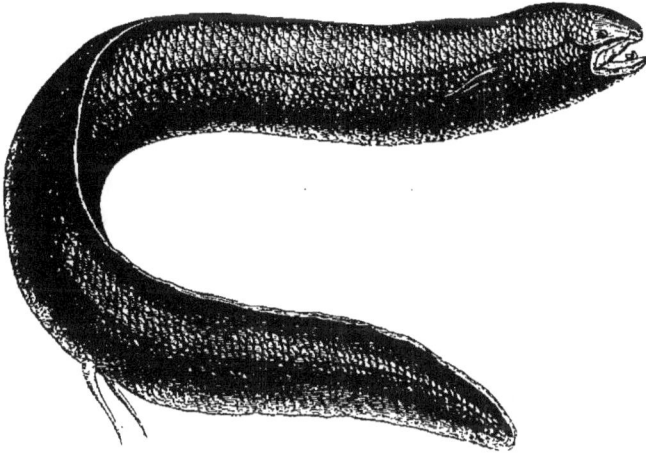

FIG. 27. — Lépidosirène du Brésil.

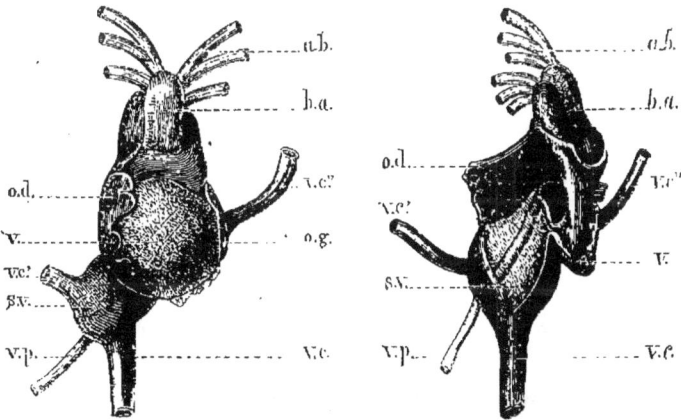

FIG. 28. — Cœur et principaux vaisseaux du *Lépidosirène d'Afrique*
(genre *Protoptère*).

ab) artères branchiales ; — *ba*) bulbe artériel ; — *od*) oreillette droite ; —
og) oreillette gauche ; — *v*) ventricule unique ; — *vc*) veine cave inférieure ; —
vc', *vc''*) veines caves supérieures ; — *sv*) sinus veineux des veines caves ; —
vp) veines pulmonaires.

FIG. 29. — Cœur et principaux vaisseaux du *Protoptère*.

ab) artères branchiales ; — *ba*) bulbe artériel ; — *od*) oreillette droite, ouverte ; — *vc*) veine cave inférieure ; — *vc' vc''*) veines caves supérieures ; —
vp) veine pulmonaire ; — *v*) ventricule.

Les crustacés (fig. 30 et 31)[1] et les mollusques[2] présentent une disposition inverse de celle des poissons; leur cœur, unique comme celui des vertébrés inférieurs, est placé sur le cours du sang oxygéné, d'où l'on doit conclure qu'il répond au cœur gauche des mammifères. Dans les céphalopodes[3], les deux systèmes circulatoires particuliers au sang hématosé et à celui qui est chargé d'acide carbonique, sont entièrement séparés l'un de l'autre et ils ont des cœurs distincts.

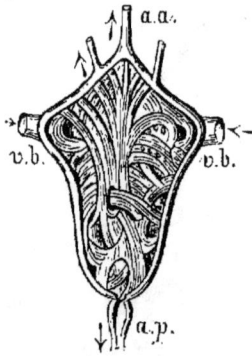

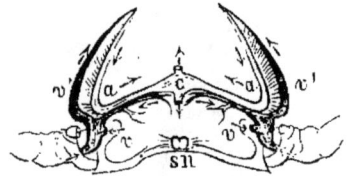

FIG. 30. — Cœur de l'*Écrevisse*, ouvert pour en montrer la structure.

aa) aorte antérieure; — *ap*) aorte postérieure; — *vb*) veines branchiales. La direction des flèches indique la marche du sang.

FIG. 31. — Théorie de la circulation du sang chez l'*Écrevisse*.

aa) veines ramenant des branchies au cœur le sang hématosé; — *c*) le cœur lançant le sang dans les aortes antérieure et postérieure; — *sn*) l'emplacement du système nerveux; — *vv*) veines et renflement veineux recevant le sang qui a servi à la nutrition; — *v'v'*) veines branchiales conduisant le même sang aux branchies.

C'est par erreur qu'on avait cru les insectes dépourvus de circulation. Ils possèdent certainement cette fonction et

1. *Zoologie, Notions préliminaires*, fig. 118.
2. *Ibid.*, fig. 129, 130 et 132.
3. *Ibid.*, fig. 127.

dans beaucoup d'entre eux elle est facile à observer au microscope (fig. 32).

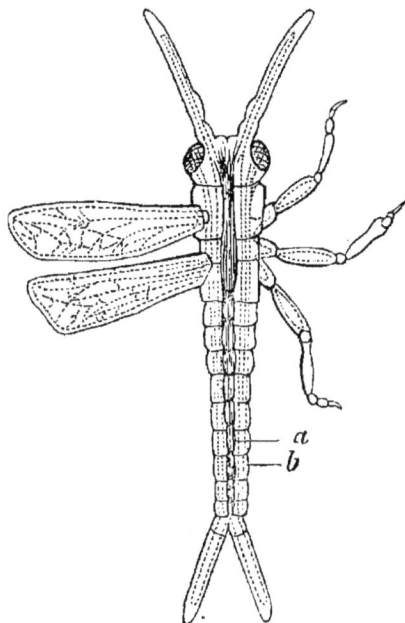

FIG. 32. — Circulation des *Insectes*, observée chez un Névroptère.
a) le vaisseau dorsal ; — *b*) le courant sanguin latéral.

Valvules du cœur. — Des valvules, c'est-à-dire des membranes destinées à assurer le cours du sang et à l'empêcher de refluer vers les oreillettes pendant les contractions des ventricules qui doivent le faire passer dans les artères, existent aux points mêmes où chaque oreillette débouche dans son ventricule. Il y en a aussi à l'endroit où les ventricules sont à leur tour en rapport avec les artères, soit l'artère pulmonaire (ventricule droit), soit l'artère aorte (ventricule gauche). Ce sont des espèces de voiles minces, mais résistantes, qui ont une forme concave, leur concavité étant tournée dans le sens suivant lequel s'opère la marche du sang.

Les valvules auriculo-ventriculaires sont les plus éten-
dues et celles qui diffèrent le plus des valvules ordinaires
propres aux veines. Elles sont grandes, triangulaires, attachées au point du cœur dont elles commandent l'entrée
par leur base et en rapport avec le sommet opposé à cette
base par des filaments tendineux; ceux-ci sont comme des
cordages rattachant ces sortes de voiles aux colonnes charnues de la face interne des ventricules. Aussi les valvules peuvent-elles se resserrer ou s'écarter suivant qu'elles
doivent laisser passer le sang de l'oreillette dans le ventricule ou au contraire l'empêcher de refluer et de rentrer
dans l'oreillette.

L'ouverture auriculo-ventriculaire droite a sa valvule
triple ou formée de trois voiles triangulaires : c'est la *valvule tricuspide* ou triglochine.

‑ Celle de l'orifice auriculo-ventriculaire gauche n'a que
deux voiles, ce qui est en rapport avec la forme de ce ventricule, dont les parois charnues sont beaucoup plus épaisses que pour le ventricule opposé; on la nomme *valvule
mitrale*, c'est-à-dire en forme de mitre.

Chez les oiseaux, cette valvule présente une disposition
assez différente de celle qu'elle a dans les mammifères :
elle se compose de deux lames semi-lunaires, charnues, de
grandeur inégale et dépourvues de filaments tendineux la
rattachant aux colonnes charnues du ventricule.

Les autres valvules du cœur existent au point de jonction
des artères pulmonaire et aorte avec leurs ventricules correspondants. Elles sont dans l'un et dans l'autre cas formées de trois petites cupules membraneuses auxquelles
leur forme a fait donner le nom de *valvules sigmoïdes*.

L'artère branchiale des poissons répondant à notre artère pulmonaire, a ses valvules (fig. 33) ordinairement
suivies d'un renflement contractile qu'on appelle le *bulbe
artériel*.

Chez les raies, les squales (fig. 34), les rhombifères, etc.,
ce bulbe présente un nombre toujours considérable de
valvules placées sur deux ou trois rangs (fig. 34). Il y a

aussi un bulbe artériel pourvu de valvules chez les batraciens à branchies persistantes.

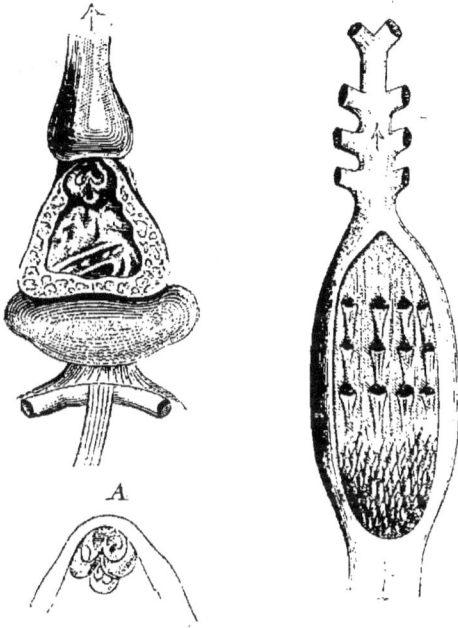

FIG. 33. — Cœur et ses valvules chez le *Thon.*

a) veines caves ; — b) oreillette ; — c) ventricule ouvert pour en montrer
les valvules sigmoïdes.
A' — Ces valvules isolées.

FIG. 34. — Bulbe artériel du *Squale Lamie* et ses valvules.

a) valvules, disposées sur trois rangs ; — b) l'artère branchiale et ses divisions.

Artères. — Le sang chassé du cœur, pour être envoyé
aux différents organes, passe dans les artères, vaisseaux
auxquels leur élasticité permet de se dilater sans se rompre, sous l'influence des ondées sanguines qui leur arrivent
à chaque contraction des ventricules. Leurs mouvements
alternatifs de dilatation et de resserrement constituent le

pouls, que l'on peut observer partout où il existe des artères suffisamment grosses.

Ces vaisseaux sont formés de trois tuniques membraneuses : la première intérieure, à la fois épithéliale et fibreuse, qui est la continuation de l'endocarde ou membrane interne du cœur; la seconde, élastique et musculeuse;
la troisième fibro-celluleuse. C'est à leur tunique élastique
que les artères doivent la propriété de se dilater sans se
rompre à chaque contraction du cœur et de revenir ensuite
sur elles-mêmes à la manière d'un tube en caoutchouc.

Il y a des artères chargées de sang rouge et d'autres qui
sont chargées de sang noir : ces dernières ne se voient que
dans la petite circulation ou circulation respiratoire ; les
premières appartiennent à la circulation générale.

Celles-ci se répandent dans toutes les parties du corps;
elles commencent au ventricule gauche par l'aorte, là où
sont les valvules sigmoïdes de ce côté; elles constituent le
système aortique et ses divisions. A mesure qu'on s'éloigne
du cœur, les artères sont plus nombreuses, mais en même
temps leur calibre devient plus petit. Elles se ramifient
comme les branches d'un arbre creux qui enverrait des rameaux dans toutes les parties du corps et dans toutes les
directions. Ces canaux secondaires dérivent de troncs principaux constituant les subdivisions primordiales de l'aorte.

A sa sortie du cœur, l'aorte se recourbe à gauche en
manière de crosse (*crosse de l'aorte*) et fournit bientôt, par
sa convexité, les artères qui vont porter le sang aux membres supérieurs et celles qui se rendent à la tête. Ce sont,
en procédant de droite à gauche : 1° le tronc brachiocéphalique qui se divise en artère sous-clavière droite destinée au membre supérieur du même côté, et en artère carotide primitive droite, divisée elle-même en externe et en
interne; ces carotides gagnent la tête, l interne va dans le
cerveau, et l'externe à la face; 2° l'artère carotide primitive
gauche, divisée comme sa correspondante de droite en externe et en interne; et 3° l'artère sous-clavière gauche, qui
naît séparément de cette dernière au lieu de former avec

elle un tronc brachiocéphalique comme il y en a un du côté droit.

Les artères sous-clavières droite et gauche se continuent dans chaque bras par l'artère brachiale divisée à son tour en radiale et en cubitale. C'est de ces premiers troncs que naissent les artères nécessaires aux muscles des bras, ainsi qu'aux autres parties constituant ces appendices, jusqu'à leurs extrémités digitales. On tâte habituellement le pouls à la partie inférieure de l'artère radiale.

Après la crosse de l'aorte et comme continuation de ce vaisseau, point de départ du système sanguin oxygéné, vient l'aorte descendante qui fournit elle-même les troncs principaux destinés aux parties situées au-dessous du cœur.

Ces troncs principaux sont : les intercostales, consacrées aux côtes et à leurs muscles : les artères cœliaque et mésentérique, allant aux viscères digestifs ; les artères lombaires ; les artères rénales ou des reins, et enfin, dans le bassin, les deux artères iliaques primitives, dont chacune est bientôt partagée en iliaque interne, desservant le bassin lui-même, et en iliaque externe gagnant le membre inférieur correspondant.

Après être entrée dans le membre inférieur, celle-ci se continue par l'artère fémorale ou artère de la cuisse, ainsi que par la tibiale et par la péronière, artères de la jambe, jusqu'aux pédieuses, plantaires, etc., qui sont les artères du pied.

Les différentes particularités du système vasculaire aortique propres à l'homme sont représentées sur une planche spéciale, qui donne aussi le mode de distribution des veines.

Au point de sa bifurcation en iliaques primitives, l'aorte descendante se continue sur la ligne médiane par une artère très-grêle chez l'homme, artère à laquelle on donne le nom de sacrée moyenne, parce qu'elle longe le sacrum. Chez les animaux pourvus d'une queue, cette artère se distingue à peine de l'aorte par son diamètre, et son développement est alors en rapport avec celui de la queue, qu'elle suit dans toute sa longueur.

C'est un caractère propre aux artères que d'aller toujours en se ramifiant, à mesure qu'elles s'éloignent du cœur. Il existe cependant quelques exceptions à cette règle. Chez les loris, petits animaux mammifères de la famille des lémures, ainsi que chez quelques édentés (paresseux et fourmiliers), l'artère brachiale fournit un certain nombre de canaux secondaires disposés en une sorte de plexus autour de son canal principal, et de ces canalicules partent divers rameaux allant aux muscles. Mais bientôt ces artères secondaires opèrent leur réunion en un canal unique. L'artère fémorale des mêmes animaux présente une conformation analogue. On a pensé qu'il y avait un rapport entre cette curieuse disposition et la lenteur extrême des mouvements chez les espèces qui la présentent.

Vaisseaux capillaires. — En quittant les derniers ramuscules artériels et avant d'entrer dans les petits rameaux par lesquels commence le système veineux chargé d'opérer son retour au cœur, le sang s'épanche dans le système des vaisseaux capillaires. Ainsi que leur nom l'indique, ces vaisseaux sont très-ténus; leur nombre est extrêmement considérable, et au lieu d'être disposés en rameaux, comme le sont les artères ou les veines, ils forment entre les plus fines branches de ces deux sortes de conduits sanguins, un réticule anastomotique comparable aux mailles d'un filet ou à celles d'une raquette; seulement il y en a dans toutes les directions, et nulle partie du corps n'en est dépourvue, à moins qu'elle ne soit de nature purement épidermique ou épithéliale. Leur abondance est telle qu'on enfoncerait difficilement la pointe d'une aiguille dans une partie quelconque du corps sans blesser plusieurs centaines de ces petits vaisseaux.

C'est au moyen du système capillaire que s'opèrent principalement les phénomènes d'échange osmotique desquels résulte la nutrition des organes au moyen des principes contenus dans le sang, et c'est en les traversant que ce liquide perd sa couleur rouge vermeille pour se transformer en sang noir. Cela tient surtout à ce que l'oxygène dont les globules s'étaient chargés dans l'acte de la respiration est employé à la combustion des principes carbonés accumulés dans l'économie. Aussi le sang, en sortant des vaisseaux capillaires pour entrer dans les veines, a-t-il déjà échangé son oxygène contre de l'acide carbonique dont la respiration pourra seule le débarrasser, et sa couleur est devenue noire de vermeille qu'elle était. Tel est le résultat le plus apparent du travail physiologique accompli par les différents organes.

On peut aisément apercevoir la circulation capillaire en regardant avec un microscope la membrane transparente qui forme la palmature des doigts postérieurs chez les grenouilles. La crête bordant la queue des têtards de ces animaux, la peau des nageoires chez les embryons des poissons, la vésicule ombilicale de ces derniers et d'autres parties encore, permettent de faire aussi la même observation. La marche du sang est indiquée par le mouvement de translation des globules charriés par le plasma de ce liquide. On les voit se presser les uns contre les autres dans la course qu'ils exécutent à travers les capillaires. Ces observations sont faciles à faire, et l'on ne doit pas négliger de les répéter lorsqu'on veut avoir une idée exacte du phénomène de la circulation ou en donner une démonstration rigoureuse (fig. 21).

Veines. — La fonction des veines est en grande partie de ramener au cœur le sang envoyé, à travers les artères continuant l'aorte, dans toutes les parties du corps. Tel est le rôle des veines du système veineux général aboutissant à l'oreillette droite par les veines caves inférieure et supérieure. Un autre système de veines sert à la respiration ; il prend le sang hématosé dans le poumon pour le rapporter à l'oreillette gauche.

1. Le *système veineux général* aboutissant aux veines caves a ses origines dans les vaisseaux capillaires de toutes les parties du corps, que le sang doit avoir traversés pour

entrer dans ses plus fines radicules. Les veines, bien que le sang les parcoure inversement de ce qu'il fait pour les artères, sont le plus souvent accolées à ces derniers vaisseaux, et l'on dit alors qu'elles en sont satellites. C'est ce qui a lieu pour les parties profondes, soit au tronc, soit aux membres. Il peut même y avoir, et il y a le plus souvent, deux veines satellites pour chaque artère. Les choses se passent ainsi aux parties terminales des membres.

Mais il n'y a pas d'artères considérables placées superficiellement ; la lésion de ces vaisseaux eût exposé l'homme et les animaux à des accidents trop fréquents et trop graves, et la nature a dû éviter ce danger. En effet, une simple déchirure, une morsure, deviendraient la cause d'hémorragies mortelles si les gros troncs artériels n'étaient pas tous situés profondément. Le même inconvénient n'existait pas pour les veines, qui n'ont ni l'élasticité des artères, ni leur importance comme canaux sanguins ; aussi, indépendamment de celles qui sont profondes et satellites des artères, y en a-t-il également de superficielles.

Aux membres supérieurs, les veines superficielles aboutissent les unes à l'axillaire ou veine de l'aisselle, les autres à la sous-clavière qui longe la clavicule et reçoit en même temps des veines profondes. Le pli du bras, comme celui de la jambe, présente un système assez compliqué de veines. C'est la veine médiane céphalique ou la médiane basilique que l'on pique habituellement au bras pour opérer la saignée ; mais la médiane basilique doit être évitée autant que possible, parce qu'elle croise l'artère brachiale et que l'on pourrait ouvrir celle-ci à sa place ou même simplement la piquer en même temps qu'elle, ce qui occasionnerait des accidents très-sérieux. Ces veines sont superficielles.

Les veines superficielles du cou, ramenant le sang de la tête, sont les deux jugulaires externes et la jugulaire antérieure ; les profondes sont les deux jugulaires internes.

Les veines des membres inférieurs et celles du tronc, qui sont placées au-dessous du diaphragme, telles que les veines des reins, etc., aboutissent, comme les veines des membres inférieurs, à un tronc principal se rendant à l'oreille droite du cœur : ce tronc constitue la veine cave inférieure.

La veine cave supérieure, après avoir reçu les veines du cou et celles des membres supérieurs, se rend à la même oreillette, mais sans se confondre avec la veine précédente, de sorte qu'il y a deux veines caves, l'une supérieure, ramenant le sang noir de la tête et des membres supérieurs ; l'autre inférieure, ramenant le sang noir de tous les autres points du corps.

Les veines de l'estomac, celles de la rate et celles des intestins se réunissent pour former un tronc commun appelé *veine porte*, qui traverse le foie et y présente une disposition particulière. En sortant de cet organe, la veine porte opère sa jonction avec la veine cave inférieure.

Le sang n'entre dans les veines qu'après avoir traversé les vaisseaux capillaires, et avoir été soustrait par eux à l'influence motrice du cœur gauche, dont l'effet le plus apparent est le pouls. Suivant le mode de station de l'animal et les parties de son corps qu'il a servi à nourrir, le sang remonte ou descend vers le cœur sans que les veines exercent sur lui aucune action destinée à servir à sa propulsion. Il se produit là un simple phénomène de siphon, et les mouvements de diastole de l'oreillette droite, ainsi que ceux du ventricule du même côté, aident beaucoup à l'apport du sang, en agissant comme pompe aspirante sur le double courant sanguin que renferment les veines caves supérieure et inférieure. Il n'est donc pas étonnant que les veines n'aient pas de rôle actif dans la circulation ; elles ne possèdent d'ailleurs qu'un faible rudiment de la membrane élastique qui caractérise les artères. Elles sont cependant extensibles, mais sans jouir pour cela de la propriété de revenir immédiatement sur elles-mêmes, et leur dilatation exagérée n'est pas toujours sans inconvénients, puisqu'elle peut persister anormalement, ce qui donne alors lieu à des varices.

Les trois *tuniques des veines* sont, en procédant de dedans en dehors : une tunique interne extensible, une tunique moyenne dite musculeuse et une tunique externe appelée aussi gaîne celluleuse. Leur face interne est garnie d'une mince couche d'épithélium.

Les veines présentent dans l'intérieur de leur trajet des espèces de demi-cupules membraneuses qu'on a comparées à des nids de pigeon. Ces poches sont formées par la tunique interne et par la tunique moyenne. Elles ont un rôle analogue à celui des valvules du cœur et on les appelle *valvules des veines;* ce sont elles qui aident à maintenir dans sa voie ascensionnelle la colonne sanguine faisant retour au cœur; elles la soutiennent et s'opposent à sa marche rétrograde.

Chez certains animaux le système veineux présente des dilatations partielles ou *sinus* qui permettent la stase momentanée du sang, soit en vue d'une suspension de la fonction respiratrice, soit pour d'autres causes encore. Ces dilatations en forme de réservoirs s'observent particulièrement chez les animaux à respiration aérienne qui jouissent de la faculté de plonger. Le phoque, l'hippopotame, l'ornithorhynque, etc., en présentent, principalement dans la région sus-hépatique de la veine cave. Des diverticulums de même nature s'étendent chez les cétacés jusque sur les plèvres, c'est-à-dire dans le thorax. C'est ce qui leur permet de retenir leur respiration pendant tout le temps qu'ils passent sous l'eau.

Nous avons déjà vu que le système veineux forme dans le corps une sorte d'arborisation dont les branches et les rameaux sont extrêmement multipliés et dans laquelle le sang suit une marche inverse de celle qu'il a dans les artères. Dans les veines, il va des moindres rameaux aux troncs les plus considérables jusqu'à ce qu'il arrive au cœur; tandis que dans les artères il passe des rameaux les plus volumineux dans ceux qui ont une moindre importance. Sa marche l'éloigne alors du cœur, tandis que, à travers les veines, elle l'en rapproche. La division des vaisseaux en rameaux et ramuscules n'en est pas moins régulière dans l'un et dans l'autre cas.

Une partie du système veineux de l'homme et des autres vertébrés échappe cependant à cette disposition. C'est celle qui traverse le foie et qu'on nomme le système de la *veine porte hépatique*. La veine porte se divise dans le foie en une multitude de veines et veinules, aboutissant de nouveau à des réseaux capillaires, comme le fait de son côté l'artère nutritive qui entre dans cet organe; mais ces veinules se réunissent ensuite les unes aux autres, pour sortir du foie sous la forme d'un petit nombre de vaisseaux veineux, dits veines sus-hépatiques. Les veines sus-hépatiques opèrent immédiatement ou après un assez court trajet leur jonction avec la veine cave inférieure.

Dans les vertébrés ovipares, contrairement à ce qui a lieu chez l'homme et chez les autres mammifères, la veine rénale ou veine des reins, qui dépend aussi du système de la veine cave inférieure, se ramifie dans l'intérieur de ces glandes, comme le fait la veine porte hépatique dans le foie. C'est donc une *veine porte rénale* et elle reçoit une partie du sang qui revient des extrémités postérieures.

2. *Système des veines pulmonaires.* — Tous les vaisseaux veineux dont nous venons de parler appartiennent au système de la circulation du sang noir; mais de même qu'il y a des artères chargées de sang noir, il y a aussi des veines chargées de sang rouge. Ce sont celles qui opèrent le retour au cœur du sang hématosé dans les poumons. Il y en existe quatre : deux pour chaque poumon. Ces *veines pulmonaires*, droites et gauches, aboutissent toutes à l'oreillette gauche.

Vaisseaux lymphatiques et circulation de la lymphe. — Les vaisseaux chylifères, les artères, les capillaires et les veines, ne sont pas les seuls vaisseaux dont l'anatomie puisse démontrer la présence. Des canaux vasculaires d'un autre ordre, et dont le nombre est également très-considérable, sont répandus dans tous les organes et y pompent un fluide qui est surtout différent du sang par sa couleur. Ce fluide est la *lymphe,* humeur à

peu près transparente, un peu salée, à réaction franche-
ment alcaline, contenant des leucocytes et des globulins
analogues à ceux du sang, mais point de globules rouges
quel que soit le nombre qu'en possède ce dernier.

Les vaisseaux dans lesquels la lymphe circule sont très-
déliés, transparents ou blanchâtres comme le liquide qu'ils
contiennent, ce qui les fait appeler vaisseaux blancs; ils sont
noueux et dans leur marche ils se pelotonnent par endroits
de manière à constituer des renflements en apparence glanduleux (*ganglions lymphatiques*), dont font partie les pré-
tendues glandes du cou et des autres parties du corps qui
sont susceptibles d'engorgement chez les sujets dits lymphatiques.

Il y a des vaisseaux lymphatiques dans tous les organes.
De quelque partie qu'ils proviennent, ils se réunissent en
deux troncs principaux.

Le premier, situé dans le thorax, sur le côté gauche de
la colonne vertébrale, constitue le *canal thoracique*. Ce canal reçoit la lymphe de tout le côté correspondant du corps,
ainsi que celle de l'abdomen et des membres inférieurs, et
il la verse dans la veine sous-clavière gauche, où elle se
mêle au sang noir qui va s'oxygéner dans le poumon. Son
extrémité postérieure est renflée en une sorte d'ampoule
allongée, appelée le *réservoir de Pecquet*.

L'autre canal est le *grand vaisseau lymphatique droit*,
qui s'épanche dans la veine sous-clavière droite, après avoir
reçu la lymphe de tous les vaisseaux blancs émanant du
côté droit de la tête et du tronc, ainsi que du membre supérieur correspondant; c'est en réalité un second canal thoracique, et chez certains animaux sa longueur et ses dimensions sont presque égales à celles du précédent.

Chez les reptiles et les poissons on observe par endroits
sur le trajet des vaisseaux lymphatiques des renflements
pulsatiles qui servent de moyens de propulsion au fluide
qu'ils renferment. Ils ont été décrits sous le nom de *cœurs
lymphatiques*.

CHAPITRE V.

DE LA RESPIRATION.

But spécial de la respiration. — Cette fonction, l'une des plus importantes parmi celles qu'exécutent les êtres organisés, joue un rôle actif dans la nutrition. Elle a surtout pour but de donner au fluide nourricier, vicié par l'exercice des actes vitaux, le moyen de réparer en partie les altérations qu'il a subies ; aussi existe-t-elle dans le règne végétal aussi bien que dans le règne animal. Chez les animaux en particulier, le sang se charge pendant la circulation et par le fait même de la mise en jeu des organes d'une quantité notable d'acide carbonique qui le rendrait incapable d'exercer de nouveau les fonctions qui lui sont dévolues si le moyen ne lui était fourni de se débarrasser de ce gaz. L'acide carbonique du sang provient de la combustion du carbone dans les tissus traversés par ce liquide.

Chez l'homme et chez les vertébrés, le sang ainsi chargé d'acide carbonique, ou le sang noir, circule dans les vaisseaux veineux qui aboutissent à l'oreillette droite du cœur, par les veines caves inférieure et supérieure, et il est envoyé aux organes respiratoires par le ventricule correspondant, à travers l'artère pulmonaire dite artère branchiale chez les poissons. Chez les animaux aériens, c'est dans le poumon qu'il échange l'acide carbonique dont il s'est chargé contre une nouvelle quantité d'oxygène, qui servira à son tour à la formation de nouvel acide carbonique, lorsque la circulation aortique aura conduit aux différents organes ce sang hématosé, c'est-à-dire le sang qui vient de respirer.

La respiration, telle qu'elle s'opère dans les poumons au moyen de l'air incessamment introduit dans cet appareil, est donc un phénomène de nature essentiellement physique. Elle consiste uniquement dans l'échange de l'acide carbonique dont une partie du sang se trouve alors munie contre de l'oxygène emprunté à l'air atmosphérique, et c'est entre les ramuscules aérifères du poumon et les capillaires sanguins que s'opère cet échange. Les fines parois de ces vaisseaux chargés les uns d'air, et les autres de sang renfermant du gaz acide carbonique en dissolution, se comportent comme le font toutes les membranes organisées lorsqu'elles sont placées entre des fluides de nature différente : il y a échange de ces fluides à travers ces membranes, et nous retrouvons ici un cas d'endosmose et d'exosmose analogue à ceux que nous avons énumérés précédemment; la seule différence consiste en ce que cette fois l'échange a lieu entre des gaz et non entre des liquides. Le gaz acide carbonique en dissolution dans le sang est échangé contre de l'oxygène provenant de l'air atmosphérique ou en dissolution dans l'eau s'il s'agit d'animaux aquatiques pourvus de branchies.

Quant à la formation de l'acide carbonique, objet de cet échange, elle est moins un acte spécial à la respiration qu'un phénomène de nutrition générale. C'est un travail d'oxydation s'opérant dans tous les tissus, et duquel résulte une combustion tout à fait comparable à celles dont la chimie nous donne la théorie. Elle a lieu partout où le sang oxygéné se trouve en contact avec des principes carbonés. L'oxygène dont les globules sanguins paraissent être plus particulièrement chargés, abandonne ces corpuscules, et brûle le carbone des tissus. En même temps une partie de leur oxygène propre et de leur hydrogène se combine pour former de l'eau, et il y a production d'acide carbonique. Ce dernier gaz remplace dès lors dans le sang la quantité d'oxygène qui a contribué à le produire et le liquide sanguin devient noir de rouge vermeil qu'il était.

La respiration agit essentiellement sur les principes de composition ternaire, ce qui nous explique pourquoi les aliments de cette nature ont été appelés des aliments respiratoires. Par la perspiration pulmonaire sont aussi éliminés certains principes étrangers au sang, et dont il se trouve accidentellement chargé. Ainsi de l'hydrogène sulfuré injecté dans les veines d'un animal s'évapore presque aussitôt de cette manière. Si ce gaz avait été absorbé par le canal digestif, il serait expulsé de l'économie par le même moyen, mais il faudrait plus de temps, cinq minutes environ, avant que le phénomène ne se manifestât. Beaucoup de substances odorantes introduites accidentellement dans le sang sont ainsi exhalées par les poumons.

Remarques historiques. — Les anciens ne se faisaient pas une idée exacte de la nature des phénomènes respiratoires, et ils n'en comprenaient pas davantage le but. Ils se bornaient à dire que la respiration rafraîchit le sang, ce qui d'ailleurs n'est pas exact, puisqu'elle est une des principales sources de la chaleur produite par les animaux. Un chimiste anglais du dix-septième siècle, Maiou, mit l'un des premiers les physiologistes sur la voie de la théorie véritable des phénomènes respiratoires. Il montra que l'air diminue par le fait de la respiration et qu'il devient bientôt incapable de l'exercer, en perdant son principe de *combustibilité*. Maiou vit qu'il se passait là quelque chose d'analogue à l'oxydation des métaux. Il fit également observer que l'air devient impropre à la respiration parce qu'il a servi à opérer une combustion analogue à celle qui a lieu dans nos foyers.

A l'époque où ce savant écrivait, l'oxygène n'avait encore été ni isolé ni défini; il était donc difficile, dans l'état où se trouvait la science, de parler plus exactement des phénomènes de la respiration.

En 1777, Lavoisier fut plus précis lorsqu'il établit que la combustion respiratoire est une combustion de carbone opérée par de l'oxygène et qu'il en résulte la formation d'acide carbonique ; mais il se trompa en plaçant le siége de cette combustion dans les poumons. Lagrange fit bientôt remarquer que l'acide carbonique arrive tout formé dans ces organes, et les expériences que plusieurs physiologistes (William Edwards, Magnus, etc.) ont entreprises depuis lors, ont montré qu'il avait raison. Le sang rouge renferme de l'oxygène, et c'est de l'acide carbonique que l'on trouve à la place de cet oxygène dans le sang noir qui revient au cœur droit par les veines.caves ou les vaisseaux aboutissant à ces veines. L'acide carbonique ne se forme donc pas dans le poumon, puisqu'il existe déjà tout formé dans le sang avant que ce fluide n'arrive à l'organe respiratoire, et la seule fonction de cet organe est d'opérer l'échange de l'acide carbonique renfermé dans le sang contre de l'oxygène emprunté à l'air atmosphérique.

L'ASPHYXIE, qui occasionne si souvent la mort, résulte de l'obstacle apporté par une cause quelconque (submersion, quantité insuffisante d'oxygène dans l'air, etc.) à l'hématose, c'est-à-dire à la substitution dans les poumons de nouvel oxygène à l'acide carbonique dont le sang s'est chargé pendant son passage à travers les organes. L'asphyxie est la conséquence forcée de l'accumulation d'un trop grand nombre d'individus dans un air confiné, privé des moyens de se renouveler, et l'aération de semblables locaux doit être ménagée avec soin si l'on veut éviter les accidents de cette nature. Dans d'autres cas, l'asphyxie se complique de phénomènes d'intoxication, c'est-à-dire d'empoisonnement. C'est en particulier ce qui arrive lorsqu'un gaz délétère, comme de l'oxyde de carbone ou de l'hydrogène sulfuré, se trouve mêlé à l'air. L'oxyde de carbone opère la rubéfaction du sang noir comme pourrait le faire l'oxygène, mais le sang qui s'en est chargé est incapable de nourrir les organes et il reste rouge même lorsqu'il passe des vaisseaux capillaires dans les veines.

Hématose. — Le sang hématosé est du sang devenu rouge dans le poumon, en échangeant son acide carbonique contre de l'oxygène; il a seul la propriété de nourrir les organes et d'entretenir l'innervation. C'est dans les globules que s'effectue ce changement de couleur, et leur rôle n'est pas moins considérable dans les phénomènes de la nutrition générale des organes que dans ceux qui relèvent spécialement de la respiration.

On sait que l'air atmosphérique est un mélange d'oxygène et d'azote, à peu près dans la proportion de $\frac{21}{100}$ d'oxygène pour $\frac{79}{100}$ d'azote. Quelques dix-millièmes d'acide carbonique (de $\frac{4 \text{ à } 6}{10000}$) et une quantité variable de vapeur d'eau s'ajoutent à ces deux gaz. L'air expiré, c'est-à-dire expulsé du poumon après avoir servi à la respiration, a perdu une quantité notable de son oxygène, et l'acide carbonique y est en proportion beaucoup plus considérable qu'auparavant. Si on le fait passer à travers de l'eau de chaux, il se forme promptement un précipité résultant de la formation de carbonate de chaux neutre et insoluble. En continuant l'expérience, on obtiendrait la dissolution du précipité, parce que le carbonate neutre de chaux passerait à l'état de carbonate acide par suite de l'excès d'acide carbonique que fournirait la respiration.

A chaque expiration, l'air inspiré a perdu de $\frac{214}{100}$ de son oxygène, et il s'est chargé d'une quantité à peu près égale d'acide carbonique. Un homme brûle en vingt-quatre heures 220 à 230 gr. de carbone. La vapeur d'eau est aussi en quantité plus considérable dans l'air expiré ; c'est ce qui rend l'haleine humide. En hiver, ce phénomène est plus facile à observer parce que la température plus basse de l'atmosphère condense cette vapeur d'eau dès que l'air expiré fait retour à l'extérieur.

Les animaux vivant dans l'air ne sont pas les seuls qui respirent. Ceux qui sont aquatiques, comme les poissons et tant d'autres encore, doivent aussi faire subir à leur sang la même épuration, et ils le font, non en décomposant l'eau qui leur sert de milieu ambiant, mais au moyen de l'oxygène de l'air dissous dans cette eau. La proportion des deux gaz oxygène et azote dans l'air de l'eau est sensi-

blement différente de ce qu'elle est dans l'atmosphère;
il y a davantage d'oxygène et moins d'azote. On y trouve
jusqu'à $\frac{32}{100}$ et plus du premier gaz.

Les animaux aquatiques sont susceptibles d'être as-
phyxiés tout aussi bien que ceux dont la vie est aérienne,
lorsqu'ils n'ont plus suffisamment d'oxygène à leur disposition ; et si l'on place un poisson dans un flacon rempli
d'eau, en ayant soin de boucher ce flacon pour que l'air
ne s'y renouvelle pas, ce poisson ne tarde pas à donner les
mêmes marques de souffrance que le mammifère ou l'oiseau que l'on aurait mis dans un vase rempli d'air, mais
également privé de communication avec l'extérieur. La
même expérience peut être faite en recouvrant d'huile la
surface d'un globe à poissons plein d'eau.

La vie se ralentit bientôt chez les animaux placés dans
ces conditions, et après quelque temps elle s'éteint par
asphyxie résultant de l'impossibilité où se trouve l'air dissous d'entretenir la combustion du carbone des tissus,
en fournissant de nouvel oxygène à la respiration; de
même, nous voyons s'éteindre la bougie qu'on a placée
tout allumée sous une cloche pleine d'air, lorsque par sa
propre combustion elle a vicié cet air en substituant de
l'acide carbonique à l'oxygène qu'il renfermait.

On réveillerait la vie prête à s'éteindre et l'on raviverait
la combustion si l'on renouvelait l'air dans les trois cas que
nous venons de supposer : animal aquatique confiné dans
un récipient plein d'eau, animal aérien placé sous un
récipient plein d'air, lumière en ignition mise dans cette
dernière condition. Les vertébrés aériens (mammifères, oiseaux et reptiles) nous fournissent des exemples remarquables à l'appui de la première de ces deux propositions.
L'oiseau ne saurait suspendre, même momentanément, sa
respiration sans périr presque aussitôt asphyxié. Il est vrai
que les mammifères aquatiques peuvent rester sous l'eau
pendant un temps assez long sans qu'il en résulte pour eux
d'inconvénients; mais cela tient à la disposition particulière
de leur système veineux qui présente des sinus ou parties

dilatables dans lesquels le sang peut séjourner momentanément, ce qui ralentit la circulation tant que la respiration est
suspendue. Les reptiles, plus spécialement les serpents et
même certains sauriens, n'ont besoin que de très-peu d'air,
parce que leur sang ne s'hématose qu'en partie et que leur
système aortique peut fonctionner tout en ne recevant que
du sang rouge mélangé avec du sang noir, ce qui serait
pour les vertébrés supérieurs une cause de mort presque
immédiate. D'ailleurs la région postérieure du poumon des
serpents manque presque entièrement de vaisseaux respiratoires et elle se trouve ainsi réduite à un simple réservoir dans lequel l'air reste emmagasiné; aussi fournit-elle
peu à peu à la région antérieure l'oxygène dont celle-ci a
besoin. Il en résulte que ces reptiles peuvent suspendre
leurs inspirations d'air plus longtemps encore que ne le font
les autres animaux de la même classe sans s'asphyxier.

Diversité des modes et des organes de respiration.—
Tous les animaux sont bien éloignés d'avoir une égale activité respiratrice; il s'en faut aussi de beaucoup qu'ils
respirent tous par des organes de même forme ou de
même structure. Indépendamment des particularités dé-
terminées par le rang même que les espèces occupent dans
la série zoologique et qui font que les unes ont une organisation plus parfaite et les autres une organisation inférieure, ces organes présentent aussi des variations qui tien-
nent aux conditions dans lesquelles chaque espèce est appelée
à vivre et à la quantité de travail vital qu'elle doit fournir.
Les animaux qui sont aquatiques et restent plongés dans
l'eau toute leur vie, n'avaient pas besoin, comme ceux qui
habitent l'air, d'avoir les organes de respiration protégés
contre la dessiccation, puisqu'ils peuvent les faire fonctionner sans craindre cet inconvénient, qui serait mortel pour
les espèces aériennes; il importait en outre que les animaux capables de voler eussent une activité respiratrice en
rapport avec l'activité des mouvements qu'ils doivent produire. Nous savons d'ailleurs qu'il s'en faut de beaucoup
qu'une même fonction soit toujours remplie par des orga-

nes identiques. La respiration fournirait au besoin des preuves multipliées de la facilité avec laquelle certains organes peuvent dans un groupe d'animaux être appropriés à des usages tout à fait différents de ceux qu'ils remplissent dans un autre groupe. Une nouvelle source de particularités réside dans la possibilité qu'ont certaines espèces non pas seulement de vivre alternativement, soit à des âges divers, soit pendant des saisons différentes, dans l'air ou dans l'eau, mais de respirer à volonté dans l'un de ces deux fluides ou dans l'autre, ce qui en fait des *amphibies* dans toute l'extension de ce mot.

Respiration cutanée. — Chez tous les animaux, qu'ils soient aériens ou aquatiques, la peau concourt à l'exercice des phénomènes respiratoires; mais il n'existe qu'un petit nombre d'espèces chez lesquelles cette respiration purement cutanée suffise à accomplir l'hématose. Dans la plupart des cas, des organes spéciaux sont affectés à cette partie du service nutritif, et ces organes sont tantôt des poumons, tantôt des trachées ou des branchies.

Voyons quelles sont les particularités qui les distinguent et les espèces chez lesquelles on les observe.

Poumons. — Nous parlerons d'abord des organes propres à la respiration aérienne qui ont reçu le nom de poumons. Les véritables poumons ne s'observent que dans l'embranchement des animaux vertébrés. On leur distingue deux parties, la trachée-artère ou conduit aérien et le parenchyme pulmonaire formé de l'enchevêtrement des bronches et des bronchioles dans lesquelles se divise la trachée au milieu des rameaux également très-multipliés de l'artère pulmonaire et des origines des veines du même nom destinées à reconduire le sang des poumons au cœur.

La *trachée-artère* des mammifères se compose de plusieurs couches membraneuses superposées les unes aux autres. La couche interne, celle par laquelle ce tube aérifère est en contact avec l'air, est de nature muqueuse. Sa surface est garnie d'un épithélium vibratile (fig. 35) et renferme dans son épaisseur de petites glandes en grappe destinées à la sécrétion d'une mucosité. Elle se continue depuis le larynx, ouvert dans le pharynx au sommet de la trachée-artère, jusqu'aux extrémités des rameaux aériens les plus rapprochés des vésicules pulmonaires, qui sont les parties essentiellement respiratrices. Ces rameaux prennent successivement les noms de bronches, petites bronches et bronchioles.

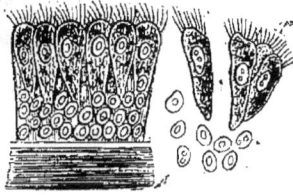

FIG. 35. — *Épithélium* des bronches.

Les cellules superficielles sont ovoïdes allongées et garnies à leur surface libre de cils vibratiles. Entre elles et la couche fibreuse de la muqueuse sont d'autres cellules de forme arrondie et dépourvues de cils.
On a figuré à part quelques cellules de l'une et de l'autre sorte.

En dehors de la membrane muqueuse, toujours sur le trajet de l'arbre aérien qui introduit l'air dans les poumons, est une couche de nature musculeuse dont les fibres sont les unes transversales et circulaires, les autres longitudinales.

La trachée-artère est, en outre, soutenue par des anneaux cartilagineux élastiques habituellement incomplets dans leur partie postérieure. Les bronches ont aussi de semblables anneaux, mais ils sont moins réguliers et leur circuit n'est pas interrompu.

Les anneaux de la trachée sont complétement fermés chez les lamantins et les cétacés ordinaires. Ceux du dugong sont disposés spiralement. Le paresseux aï est le mammifère qui en possède le plus : il en a quatre-vingts.

Les *poumons* sont des organes spéciaux de respiration propres aux animaux aériens de l'embranchement des vertébrés. Chez l'homme et les mammifères, ce sont des sacs placés dans la cavité du thorax, où ils sont enveloppés par la *plèvre*, membrane de nature séreuse appliquée par un de ses doubles sur le parenchyme des poumons (plèvre viscérale), et par l'autre, sur la paroi interne de la cage thoracique à laquelle elle adhère (plèvre pariétale). Ces deux feuillets de la séreuse pulmonaire n'étant pas adhérents entre eux, celui qui enveloppe particulièrement le poumon peut glisser avec le poumon lui-même dans l'intérieur de l'autre pendant les mouvements d'inspiration et d'expiration; ce qui facilite l'entrée et la sortie de l'air nécessaire à l'hématose.

Il y a deux poumons, l'un à droite, l'autre à gauche : le premier à trois lobes chez l'homme; le second deux seulement. Ce dernier est plus petit que celui du côté opposé, parce qu'il doit réserver la place du cœur, qui se trouve rejeté du même côté de la poitrine (fig: 2).

Le nombre des lobes pulmonaires n'est pas toujours le même que chez l'homme. Chez le paca, genre de gros rongeurs sud-américains appartenant à la même famille que le cochon d'Inde, il y a sept lobes au poumon droit et quatre au gauche. Chez les cétacés, les deux poumons n'ont qu'un seul lobe chacun.

L'intérieur du poumon ou son parenchyme est formé par la réunion d'innombrables vaisseaux sanguins résultant de l'anastomose des artères pulmonaires et des veines de même nom mises en rapport par des vaisseaux capillaires. Des canalicules aériens qui sont les divisions ultimes de la trachée-artère et de ses bronches, leur sont associés et répandent dans les poumons l'air nécessaire à la respiration (fig. 36) Les vaisseaux artériels y conduisent le sang noir qui vient, à travers les nombreux capillaires de l'organe, se débarrasser de son acide carbonique et prendre de nouvel oxygène avant de retourner au système aortique en traversant les veines pulmonaires et le cœur gauche.

On nomme *vésicules respiratrices* les derniers culs-de-sac de l'arbre aérien; leurs parois sont minces et couvertes d'un épithélium pavimenteux.

Il y a aussi, dans le poumon, du tissu connectif, des vaisseaux nourriciers, des vaisseaux lymphatiques, des nerfs de
deux ordres, les uns provenant du système encéphalo-
rachidien, et les autres du grand sympathique, etc. Il en
résulte une grande complication dans la structure du parenchyme de cet organe.

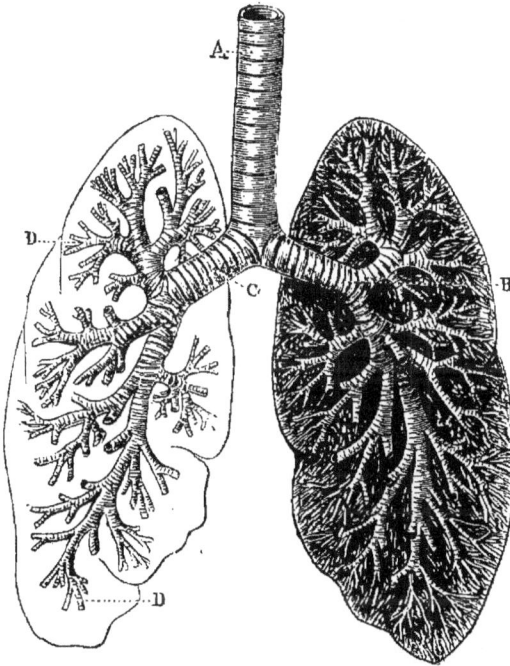

· FIG. 36. — *Trachée-artère* et sa ramification en *bronches*.

A) trachée-artère; — B et c) bronches droite et gauche; — D D) une des bronches et ses ramifications ou petites bronches après qu'on a enlevé le reste du
parenchyme pulmonaire.

La cavité thoracique de l'homme et des mammifères présente l'apparence d'une cage osseuse formée par les vertèbres dorsales, les côtes et le sternum. Des muscles sont
destinés à la dilater et à la resserrer de manière à rendre
faciles les actes respiratoires; les principaux sont les in-

tercostaux, les scalènes, etc. En outre la cavité thoracique
est séparée de la cavité abdominale par un grand voile fi-
bro-musculaire, à convexité supérieure, qui est le *diaphragme*. Ce sont les contractions du diaphragme et celles
des muscles de la cage thoracique qui déterminent l'entrée
de l'air dans les poumons (inspiration) et sa sortie (expiration). Le sac pulmonaire se gonfle ou se vide suivant que
la capacité du thorax est élargie ou rétrécie par les mouvements qu'elle exécute, mais son rôle dans cette circons-
tance est à peu près inerte. On ne saurait mieux le comparer qu'à une vessie ou tout autre récipient dilatable qui
serait placé dans l'intérieur d'un soufflet après avoir été
mis en rapport par son canal avec le tube ou canon de ce
soufflet. Les dilatations et les resserrements de la car-
casse de ce dernier rempliraient la vessie d'air ou la dé-
gonfleraient : la trachée-artère est le tube du soufflet pulmonaire au moyen duquel s'opère l'entrée de l'air dans
l'arbre respiratoire enveloppé par les plèvres et, bientôt
après, sa sortie.

Le diaphragme donne passage à l'œsophage et à l'aorte
par deux ouvertures ménagées entre ses piliers, c'est-à-
dire entre les prolongements par lesquels il s'attache à la
colonne vertébrale et l'aorte traverse l'ouverture laissée
près des vertèbres par la séparation de ses piliers ; le
canal thoracique, la veine dite azygos et parfois aussi le
grand sympathique du côté gauche suivent aussi ce trajet.
L'intervalle destiné à l'œsophage est situé un peu au-dessus
et ménagé entre les deux faisceaux dont se compose le pi-
lier droit.

Chez certains vertébrés dont la respiration est également
aérienne, les poumons, au lieu d'être compliqués dans leur
structure comme le sont ceux de l'homme et des mammifères, que nous prenons ici pour type, sont presque réduits
à leurs parois, et ils ressemblent encore davantage aux
vessies auxquelles nous venons de comparer ces organes,
pour mieux faire comprendre leur mécanisme ; c'est en
particulier ce qui a lieu chez les lézards et les grenouilles.

On voit à la face interne de ces sacs pulmonaires un simple réticule comme gaufré servant à exécuter l'hématose. Ce réticule est formé par les vaisseaux sanguins.

Le *poumon des oiseaux*[1] a une structure assez différente de celui des mammifères et en rapport avec la plus grande activité respiratrice de ces animaux. Cuvier disait que si l'on prend pour unité la respiration des mammifères (animaux à respiration simple), on peut regarder les oiseaux comme ayant une respiration double.

Les oiseaux n'ont que des rudiments du diaphragme. Cependant l'aptéryx en a un complet, à peu près semblable à celui des mammifères et au moyen duquel sa cavité thoracique se trouve séparée de la cavité abdominale.

Envisagés en eux-mêmes, les poumons des oiseaux nous montrent cela de particulier que les bronches les pénètrent dans toute leur longueur sous forme de tuyaux droits, au lieu de s'y perdre complétement et de s'y ramifier à la manière des rameaux d'un arbre pour y former les bronchioles ainsi que les vésicules pulmonaires. En outre, ces dernières ne sont pas isolées les unes des autres comme les grains d'une grappe, ce qui est le caractère propre des mammifères ; elles communiquent directement ensemble et prennent une sorte de disposition labyrinthique.

Dans les sauriens (fig. 37), les poumons sont en général de simples poches à parois élastiques, comparables à ceux du lézard et dont la face interne est gaufrée par la présence des rameaux vasculaires rampant à leur intérieur pour y conduire le sang ou le ramener au cœur. Le caméléon a ses poumons plus amples et pourvus d'appendices en forme de petits cœcums.

Les ophidiens et plusieurs genres de sauriens serpentiformes (orvets, sheltopusiks, etc.) ont les deux poumons très-inégaux : l'un fort long et se prolongeant jusque dans la cavité abdominale, c'est le poumon droit ; l'autre si court, que l'on a quelquefois nié son existence. La partie

1. *Zoologie, Notions préliminaires*, fig. 95.

postérieure du grand poumon n'a pas de réticules vasculaires et elle forme un simple réservoir aérien comparable
aux poches abdominales des oiseaux. L'air qui s'y trouve
renfermé ne s'altère donc que très-lentement et seulement
par le fait de l'action respiratrice des parties antérieures
du même organe ; c'est un réservoir aérien plutôt qu'une
surface respiratrice. Il en résulte que ces animaux peuvent
rester longtemps enfermés ou même submergés sans avoir
besoin de renouveler l'air contenu dans leurs poumons,
car ils ne sont pas pour cela privés de respiration ; leurs
poumons sont pourvus d'air pour un temps assez considérable et l'échange entre l'oxygène et l'acide carbonique continue à s'y opérer sans qu'ils aient besoin de faire des inspirations aussi fréquentes que les mammifères ou les oiseaux.

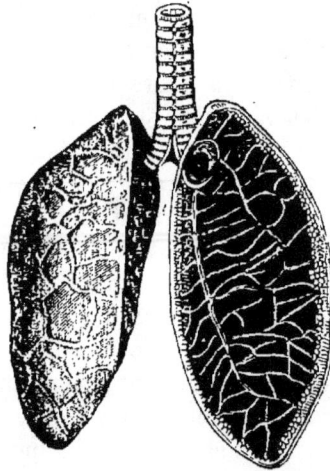

Fig. 37. — Poumons de l'*Ameiva*, genre de Reptiles sauriens, voisin
des Lézards.

Les bronches sont courtes et non ramifiées en petites bronches. Un réticule
vasculaire recouvre la face interne de la plèvre et y affecte une disposition
gaufrée, visible sur le poumon droit qui a été ouvert.

Comme les grenouilles, les batraciens, aussi bien ceux
qui gardent des branchies pendant toute leur vie que ceux

qui les perdent en se métamorphosant, ont deux poumons
en forme de sacs très-semblables aux poumons des sauriens. Cependant les cécilies, qui sont des batraciens serpentiformes, ressemblent, sous ce rapport, aux ophidiens, c'est-à-dire aux serpents.

Les batraciens, à cause de la nature muqueuse de leur
peau, jouissent d'une respiration cutanée bien plus active
que celle des autres vertébrés aériens et capable de suppléer à leur respiration pulmonaire, ou même de la remplacer pendant un certain temps. Aussi ne meurent-ils pas
si on leur arrache les poumons; c'est là une expérience
facile à répéter sur des grenouilles. Une disposition anatomique propre à ces animaux rend compte de cette singulière propriété : la branche cutanée de l'artère pulmonaire
reste considérable et c'est par elle qu'une partie du sang
est conduite à la peau pour s'y hématoser comme elle le
ferait dans les poumons.

Les poissons sont-ils absolument privés de poumons,
comme on le croit généralement? Il n'en est rien et l'on
peut considérer la vessie natatoire, espèce de poche remplie d'air dont beaucoup d'entre eux sont pourvus, comme
un poumon réduit à son enveloppe fibreuse. Chez quelques-uns cet organe est même garni intérieurement d'un
réticule vasculaire qui lui permet de servir jusqu'à un certain point à l'hématose.

On peut citer comme étant plus particulièrement dans
cette condition, les lépidosirènes (fig. 27), famille fort singulière de poissons dont les espèces possèdent d'ailleurs
des branchies comme les autres animaux de cette classe
(fig. 28).

Les lépidosirènes qu'on a d'abord décrits comme étant
des batraciens, nous fournissent l'exemple d'animaux réellement amphibies à la manière des espèces pérennibran-
ches de cette classe, et la disposition de leur système vasculaire est appropriée à cette curieuse particularité [1].

1. *Zoologie, Notions préliminaires*, fig. 99 et 100.

Branchies. — Les branchies sont les organes spéciaux de la respiration aquatique. Au lieu d'être constituées, comme les poumons, par des rameaux vasculaires rampant dans un sac situé plus ou moins profondément dans l'intérieur du corps et formant avec les compartiments divers qui partagent ce sac un parenchyme plus ou moins complexe au sein duquel l'air pénètre pour aller trouver les vaisseaux sanguins, les branchies sont des expansions en forme de peignes ou flabellées, c'est-à-dire en panaches, ou bien encore en forme de houppes, d'arbuscules, etc. Elles reçoivent les vaisseaux respiratoires et sont disposées de manière à pouvoir flotter dans l'eau afin d'en retirer l'air nécessaire au sang qui les traverse ; aussi sont-elles extérieures ou logées dans des cavités largement béantes. Cette disposition des branchies était commandée par la nature même du milieu dans lequel vivent les animaux qui en sont pourvus.

Chez les poissons (fig. 38) et chez les batraciens avant leur métamorphose[1], il existe constamment des branchies. Ces organes semblent correspondre à la partie antérieure de l'appareil respiratoire des vertébrés aériens ; ils coïncident avec un développement plus considérable de l'os hyoïde qui fournit des arcs osseux ou cartilagineux supportant les peignes branchiaux.

Ces parties se trouvent ainsi placées vers l'endroit où commence la trachée-artère chez les animaux des premières classes. Les branchies sont par conséquent insérées dans la cavité pharyngienne, et c'est par la bouche qu'entre l'eau destinée à l'exercice de leur fonction respiratrice. Dans chacune des dents du peigne branchial ou dans chacune de ses houppes passent deux canalicules sanguins, qui s'y répandent en capillaires. L'un vient de l'artère branchiale et amène du sang noir ; l'autre répond aux origines des veines pulmonaires de l'homme : mais comme les poissons manquent du cœur gauche, les différentes

1. *Zoologie, Notions préliminaires*, fig. 11 et 98.

veines à sang rouge ou veines branchiales de ces animaux vont gagner directement l'aorte.

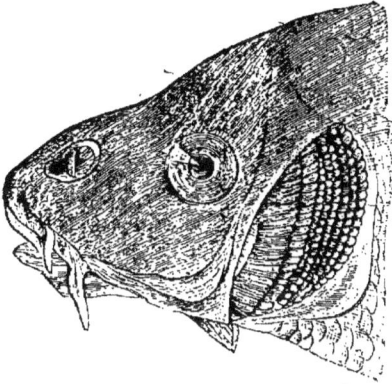

FIG. 36. — Tête de *Carpe*.
On a coupé l'opercule gauche pour laisser voir les branchies en place.

L'eau introduite par la bouche pour effectuer l'hématose au moyen de l'air dont elle est chargée ne sort pas, comme le fait l'air chez les vertébrés aériens, par l'orifice qui lui a donné accès. La cavité bucco-pharyngienne des poissons est considérable et elle présente en arrière deux grandes ouvertures latérales appelées *ouïes*, qui paraissent répondre aux trompes d'Eustache des vertèbres supérieures. Il semble que ces canaux aient acquis chez les animaux dont nous parlons un développement exagéré, et l'eau introduite dans leur intérieur s'échappe par des conduits qui correspondraient au canal auditif externe. Quelque chose d'analogue a lieu chez les gens qui ont le tympan crevé, et la fumée introduite par la bouche sort par leurs oreilles. C'est par les ouïes, dont l'ouverture se ferme et s'ouvre incessamment, grâce à la présence des opercules qui les protégent, que l'eau employée pour la respiration des poissons s'écoule au dehors. Le jeu des opercules contribue au mouvement de cette eau et détermine la direction du courant qui va de la bouche aux ouïes en passant sur les branchies.

Les branchies de certains poissons résistent plus que celles des autres à la dessiccation lorsqu'on sort ces animaux de l'eau ; cela tient en grande partie à la dimension des ouïes qui laissent écouler ou évaporer, dans un temps plus ou moins long, le liquide nécessaire à l'accomplissement de leurs fonctions. Les anguilles, qui ont les ouïes fort petites comparativement aux carpes, et possèdent une sorte de poche branchiale, meurent moins vite que ces animaux quand on les expose à l'air. Les carpes à leur tour résistent plus longtemps que les aloses ou les harengs, parce que chez ces derniers les orifices des ouïes ont une étendue plus grande encore.

Il existe des poissons qui sortent volontairement de l'eau comme le font parfois les anguilles, et montent, a-t-on dit, jusque sur les arbres pour y saisir des insectes ou d'autres petits animaux : ce sont les anabas, qui vivent aux Indes (fig. 39). Ils doivent cette faculté à la présence, au-

Fig. 39. — Tête de l'*Anabas*, dont on a enlevé l'opercule gauche pour montrer les feuillets contournés de l'appareil qui retient l'eau et la laisse tomber goutte à goutte sur les branchies.

dessus de leurs branchies, de lacunes celluleuses labyrinthiformes, creusées dans les os du crâne. Cette disposition bizarre leur permet de conserver une certaine quantité d'eau chargée d'air qui, tombant goutte à goutte sur les branchies, soustrait ces organes à la dessiccation. Les poissons qui présentent cette particularité forment la famille des pharyngiens labyrinthiformes de Cuvier. Le gourami, espèce de l'Inde et de la Chine qu'on a réussi à acclimater à l'île Maurice, appartient à cette famille.

Le nombre des ouïes n'est pas toujours limité à deux. Chez les plagiostomes (squales et raies) et les cyclostomes (lamproies) il est de cinq ou même de sept. Dans les lamproies ces orifices rappellent les trous d'une flûte. Les branchies de ces poissons ont aussi une disposition différente de celle qui caractérise les poissons ordinaires.

Celles des plagiostomes sont adhérentes à la membrane des cavités branchiales, ce qui les fait appeler des branchies fixes, et, chez les cyclostomes, les cavités qui les renferment forment de grandes poches dans lesquelles l'eau peut s'amasser.

Des organes semblables à des branchies et voisins de ces dernières existent dans beaucoup de poissons ; ils ont reçu le nom de branchies accessoires. J. Muller a démontré qu'ils ne sont pas, comme on l'avait cru, destinés à la respiration. Au lieu de recevoir du sang noir comme les branchies proprement dites, ils reçoivent du sang rouge et donnent du sang noir ; aussi les nomme-t-on maintenant des *pseudo-branchies*. La veine qui en part se transforme en une sorte de veine porte destinée à la glande choroïdienne placée derrière le globe de l'œil et cette glande constitue un double plexus artériel et veineux ; elle manque chez les poissons qui n'ont pas de pseudo-branchies.

Beaucoup d'animaux sans vertèbres ont des branchies. Tels sont les mollusques, chez lesquels ces organes sont des expansions cutanées ; les crustacés chez qui elles sont des dépendances des pattes ; les vers annélides, qui en présentent souvent sur les parties latérales du corps ou auprès de la tête, et les zoophytes, dont les caractères sont, sous ce rapport, assez diversiformes [1].

1. *Zoologie, Notions préliminaires*, fig. 123, 127, 129, 146, 150, 158, etc.

Trachées. — Les poumons, organes spéciaux de respiration aérienne, et les branchies, particulièrement appropriées à la respiration aquatique, ne sont pas les seuls instruments par lesquels cette fonction puisse s'exécuter chez les animaux. Dans les insectes, les myriapodes ou mille-pieds et une partie des arachnides, la respiration s'opère au moyen des trachées (fig. 40 et 41). Ces organes sont de longs tubes, assez semblables en apparence à ceux qui portent ce nom dans les végétaux, et on leur reconnaît de même une membrane interne et une membrane externe, la première épidermoïde et la seconde fibreuse. Dans les trachées des animaux, ces deux membranes sont aussi séparées l'une de l'autre par une troisième, formée d'un *fil spiral* fort semblable au fil déroulable des trachées végétales et qui présente les mêmes caractères (fig. 40 c). Une pareille disposition est très-favorable à la circulation de l'air dans l'intérieur des trachées, parce qu'elle empêche ces organes de s'affaisser sur eux-mêmes.

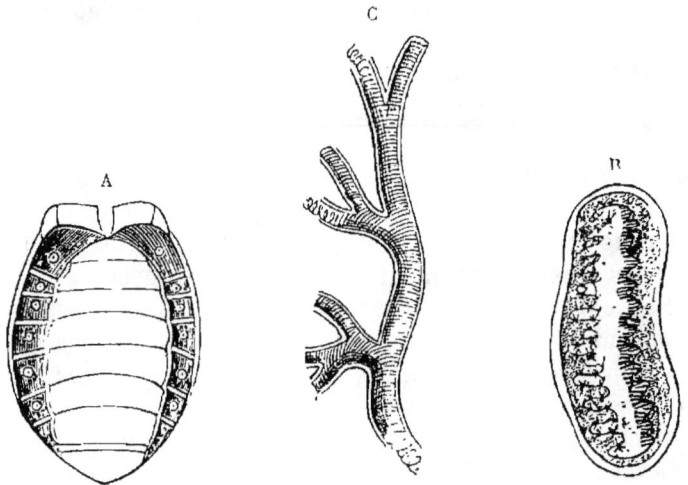

FIG. 40. — Appareil respiratoire des insectes.

A) le dessus de l'abdomen d'un dytisque, montrant les stigmates ou orifices des trachées ; — B) stigmate isolé ; — c) une trachée, dont on voit le fil déroulable.

Les trachées servent uniquement à la respiration aérienne, et l'on pourrait les comparer aux éléments aériens
des poumons (arbre pulmonaire) qui resteraient séparés en
rameaux distincts les uns des autres, au lieu de partir d'un
tube unique comme cela a lieu chez les vertébrés pourvus
d'une trachée-artère.

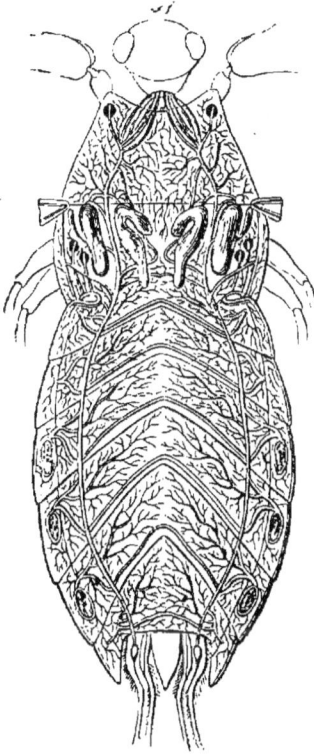

FiG. 41. — Appareil respiratoire des insectes.
Distribution des trachées dans le thorax et l'abdomen de la *Nèpe*. Stigmates
trachées et sacs aériens.

Les trachées s'ouvrent au dehors par plusieurs orifices
habituellement percés sur les parties latérales du corps et
qui sont soutenus par un petit cadre résistant, auquel on a
donné le nom de *stigmate* (fig. 40, A et B).

Le tube, qui part de chaque stigmate, se dirige dans l'intérieur du corps en s'y ramifiant, et il envoie des rameaux aux différents organes pour porter au sang qui les baigne l'air nécessaire à son hématose. Dans les espèces qui volent avec facilité, il existe habituellement sur le cours des trachées des dilatations constituant des chambres aériennes ou sacs pneumatiques. Elles ont sans doute les mêmes usages que les sacs aériens des oiseaux, et il est à remarquer qu'on ne les observe pas encore chez les larves. Dans les parties où elles se renflent ainsi en forme de poches, les trachées n'ont pas de fil spiral.

Au moment où certains insectes vont s'envoler, on les voit exécuter de larges inspirations destinées à gonfler leurs trachées et leurs sacs aériens, ce qui doit, évidemment, faciliter leur ascension en les rendant plus légers, donner à leur respiration plus d'activité pendant tout le temps qu'ils passeront dans l'air et accroître leur activité musculaire. C'est une analogie de plus avec ce que l'on observe dans la respiration des oiseaux.

La respiration acquiert donc, chez les insectes qui volent, une activité bien plus grande que chez la plupart des autres animaux sans vertèbres, et elle dépasse en particulier celle des insectes aptères ou sans ailes et celle de leurs propres larves.

L'étude attentive de l'appareil respiratoire des arachnides et des insectes a donné lieu à plusieurs remarques qui méritent d'être signalées.

Certains insectes vivent dans l'eau, et cependant ils respirent par des trachées. Voici l'explication de cette apparente contradiction. Ou bien ces insectes viennent de temps en temps à l'air pour charger d'une petite quantité de ce fluide les poils de leur corps et s'en servir ensuite pour accomplir leur respiration, en le faisant passer dans leurs trachées ; ou bien ils ont sur les parties latérales du corps, ou à son extrémité, des appendices fort semblables à des branchies, qui absorbent l'oxygène de l'air dissous dans l'eau pour le faire parvenir aux trachées. Dans ce cas encore, la respiration reste semblable à ce qu'elle est chez les autres animaux de la même classe. On peut voir une telle disposition chez les larves de certains névroptères, et celles de plusieurs genres de diptères la présentent également. L'argyronète ou araignée d'eau rentre au contraire dans la première condition. Cette espèce est pourvue de poumons feuilletés.

Ainsi que nous l'avons rappelé, les myriapodes et quelques familles d'arachnides ont aussi des trachées; mais il existe dans différents groupes appartenant à cette dernière classe des organes de nature feuilletée, renfermés dans des espèces de sacs sous-abdominaux, qui servent de même à la respiration aérienne. On les a regardés comme des poumons, quoiqu'ils n'en aient pas la structure. Il y en a chez les scorpions et chez toutes les araignées.

Par une exception remarquable, certaines araignées appartenant aux genres dysdère et ségestrie ont à la fois des poumons feuilletés ou faux poumons et des trachées véritables.

CHAPITRE VI.

URINATION.

But de cette fonction. — La combustion du carbone entrant dans la composition des principes ternaires de l'organisme est l'un des principaux moyens employés par la nature pour entretenir la vie des animaux; c'est cette fonction que nous avons étudiée sous le nom de respiration. On l'a comparée, non sans quelque raison, à la combustion du charbon que l'on brûle pour assurer l'ébullition de l'eau dans les machines à vapeur. En effet, chez les animaux le travail produit, et ce travail est aussi en grande partie du mouvement, n'est pas moins sous la dépendance de l'action comburante que dans l'exemple que nous venons d'emprunter à l'industrie. Supprimez la combustion, et, dans un cas comme dans l'autre, le travail cesse de s'effectuer. Mais, dans l'économie animale, cette combustion de carbone n'est pas la seule opération dont la vie ait besoin pour continuer à se manifester et assurer la manifestation des forces qu'elle met en jeu. Il y a, indépendamment des substances ternaires principalement consommées dans les phénomènes de respiration qui les réduisent en acide carbonique et en eau, des substances d'un autre ordre, les substances azotées, dont l'emploi et la décomposition ne sauraient donner lieu aux mêmes produits. C'est sous la forme de principes renfermant de l'azote que ces substances, dites plastiques ou quaternaires, doivent être rejetées au dehors. Après avoir fait partie de nos tissus, et avoir concouru à l'exercice des fonctions, elles donnent des résidus qui sont bientôt expulsés. L'urine est la sécrétion par laquelle elles sont entraînées.

Les reins sont les organes chargés de cette partie du travail physiologique, comme les poumons, les branchies ou les trachées ceux auxquels est confiée l'élimination du carbone transformé en acide carbonique, et la production de l'urine, ou l'urination, devient ainsi une partie importante des phénomènes généraux de la nutrition. Elle est à la consommation des substances azotées ou plastiques ce que la respiration est à celle des substances ternaires, et l'on doit la considérer comme une des manifestations les plus importantes de la vie.

L'urine est le moyen par lequel les boissons sont habituellement rejetées; aussi contient-elle, dans la plupart des animaux, de l'eau en quantité considérable, et elle constitue un produit ordinairement liquide. Celle de l'homme et des mammifères est toujours dans ce cas; il en est de même pour celle de quelques oiseaux ainsi que pour celle des tortues, des batraciens et des poissons; mais cette sécrétion est presque toujours épaissie et comme pultacée chez la plupart des oiseaux, animaux dans l'urine desquels l'acide urique prédomine. Les crocodiles, les sauriens et les serpents l'ont plus consistante encore.

Elle peut renfermer un grand nombre de substances différentes les unes des autres, suivant les conditions variables de la digestion ou les absorptions diverses qui se sont opérées par les poumons et à travers la peau. Personne n'ignore qu'elle acquiert une odeur tout à fait spéciale lorsqu'on a mangé des asperges; cette odeur est due à l'asparagine, principe organique particulier renfermé dans le tissu de ces végétaux. L'essence de térébenthine donne à l'urine une odeur de violette. On y retrouve aussi, au bout de très-peu de temps, des traces évidentes de la plupart des médicaments donnés aux personnes malades, et certaines affections peuvent, à leur tour, modifier sa composition. Dans le diabète, elle se charge d'une quantité considérable de sucre, et, dans l'albuminurie, l'albumine du sang filtre avec elle, ce qui affaiblit la constitution. Si le malade est atteint de la jaunisse, son urine est, au contraire, chargée d'une quantité notable du principe colorant de la bile.

Mais ce ne sont là que des conditions en réalité exceptionnelles ; et l'urine normale ne renferme du sucre, de l'albumine ou les matériaux de la bile qu'en très-faible quantité. L'eau, qui en forme la plus grande partie, tient en dissolution divers sels extraits du sang, et, de plus, un principe azoté spécial, qui est l'*urée*. Comme nous l'avons déjà fait entrevoir, cette substance provient essentiellement des principes quaternaires du sang ; elle a pour principal objet de débarrasser l'organisme de l'excès des matières azotées qui en forment la partie plastique. L'urine opère aussi l'élimination de l'eau en excès dans le sang, et cela explique comment sa masse augmente rapidement lorsque l'on boit en plus grande quantité : elle devient surtout abondante si la température peu élevée de l'air ou la vapeur d'eau dont il est chargé font obstacle à la transpiration. Le rejet par l'urine, de la quantité superflue des boissons, s'opère, comme chacun a pu en faire la remarque, après un temps assez court.

Les principes organiques de l'urine (urée, acide urique, etc.) existent tout formés dans le sang des animaux, et ils y sont en quantité variable, suivant les conditions de l'alimentation ou de la santé. Le rein ne fait que les en séparer, comme le poumon sépare l'acide carbonique du sang, mais sans en opérer la formation. Cela est facile à démontrer en arrachant les reins à un animal ou en lui liant les artères rénales. On constate alors que l'urée s'accumule dans son sang absolument comme le ferait l'acide carbonique, si c'était du poumon qu'on l'eût privé. L'urine sert aussi de véhicule à l'élimination des substances salines de l'organisme, et certains sels minéraux qu'on y observe, tels que des phosphates, etc., proviennent également du sang, qui les a repris aux différents organes. Autrefois on se servait de l'urine pour la fabrication du phosphore.

Les principes minéraux de l'urine combinés à ses principes organiques sont l'origine des pierres ou calculs qui se développent parfois dans la vessie, particulièrement chez l'homme. La gravelle a aussi la même cause.

Chez les herbivores l'urine est alcaline ; elle est au contraire acide chez les carnivores et chez l'homme. Celle à laquelle l'ingestion des boissons donne lieu est la plus claire et la plus abondante ; celle qui résulte du travail spécial de la digestion est plus colorée et plus épaisse ; celle qu'on produit pendant la nuit, en dehors de cette double intervention et qui est particulièrement rendue le matin, est encore plus foncée et plus acide.

L'enveloppe cutanée ou la peau externe concourt dans certaines limites à l'excrétion de l'urée, comme elle aide les fonctions respiratoires ; c'est particulièrement au moyen des glandes sudoripares qu'elle remplit ce rôle : aussi a-t-on constaté la présence d'une petite quantité d'urée dans la sueur. On ne saurait nier d'autre part qu'il n'existe entre les glandes sudoripares, dont nous parlerons en traitant de la peau, et les tubes urinifères de la substance rénale, pris isolément, une certaine analogie de structure.

Appareil urinaire. — Chez l'homme et chez les animaux mammifères, l'appareil destiné à la sécrétion de l'urine et à son transport au dehors de l'économie acquiert un degré de complication bien supérieur à celui qu'il a dans les autres classes. Indépendamment de la double glande conglomérée constituant les *reins* (vulgairement appelés rognons), glandes à travers lesquelles s'opère la filtration urinaire, on constate, chez ces animaux, la présence de deux canaux émergents, un pour chaque rein ; ce sont les *uretères*. Ces canaux aboutissent l'un et l'autre à un réservoir commun dans lequel s'amasse l'urine. Ce réservoir est formé par une membrane muqueuse doublée d'une couche musculeuse ; il constitue la *vessie* et verse, à son tour, mais par intervalles et au gré de l'animal, l'urine qui s'y est accumulée, dans le canal de l'*urètre*, par lequel le liquide doit être définitivement expulsé au dehors.

Structure des reins. — Les reins méritent d'être étudiés dans quelques-unes des particularités de structure qui assurent l'exercice de l'importante fonction dont ils sont chargés. Ces organes, bien que situés dans la cavité abdominale, restent en dehors de la séreuse péritonéale; ils sont placés entre elle et les muscles de la face antérieure des lombes. Leur forme la plus ordinaire, dans les mammifères, est bien connue d'après celle qu'ils ont dans le mouton (fig. 42); mais chez divers animaux de la même classe, ils sont multilobés, particulièrement chez ceux dont la vie est aquatique.

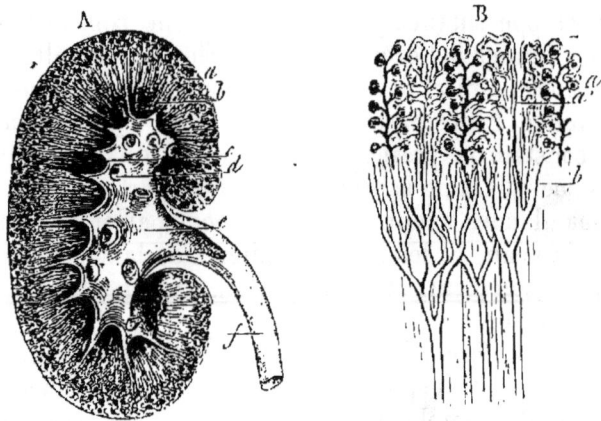

FIG. 42. — Structure du *Rein*.

A = Rein de *Mouton* coupé verticalement par sa partie médiane.

a) substance corticale; — *b*) substance tubuleuse comprenant les tubes dits de Bellini et de Ferrein; — *c*) pyramides; — *d*) calices; — *e*) bassinet; — *f*) partie supérieure de l'uretère.

B = Portion très-grossie de la substance du *Rein*, montrant : *a*) les corpuscules de Malpighi; — *a'* et *b*) les tubes urinifères dits : *a*, tubes de Ferrein et *b*, tubes de Bellini.

Les reins des cétacés (fig. 43) semblent être multiples, et dans les baleines ou les dauphins, on pourrait compter plus de cent rénules pour chaque côté. C'est encore là un de ces faits si fréquents en anatomie comparée qui s'expliquent par le principe des arrêts de développement. Nous pouvons y avoir recours pour essayer de mieux comprendre les reins réniformes ou de forme ordinaire, tels qu'on les voit dans le reste des mammifères. Chez beaucoup d'espèces ils ont, pendant le premier âge, et mieux encore pendant la vie fœtale, une apparence à peu près semblable à celle qu'on leur connaît chez les animaux aquatiques.

Fig. 43. — Portion du rein d'un *Dauphin*, pour montrer la dissociation de ses lobules.
a) aorte descendante fournissant l'artère rénale ; — b) artère rénale ; — d) grappe des lobules rénaux ; — c) uretère.

Dans les mammifères ordinaires les lobules constitutifs de chaque rein ou les rénules primitivement séparés dont ces organes résultent, se confondent avant l'époque de la naissance en un rein unique pour chaque côté. Mais on retrouve encore dans cet organe, même chez l'adulte, la trace des parties dont il était primitivement constitué. En effet, si l'on ouvre longitudinalement et par son milieu un rein, il se montre formé d'une association de cônes appelés *pyramides*, à cause des saillies ayant l'apparence de sommets pyramidaux qui les terminent à l'intérieur de l'organe. Ces sommets ou pyramides aboutissent aux *calices*, premiers réceptacles membraneux de l'urine qui suinte à travers leur surface, et les calices conduisent immédiatement le produit de la filtration rénale dans le *bassinet*. Celui-ci ressemble à une espèce d'entonnoir également membraneux résultant de la réunion des calices et formant le commencement de l'uretère.

On distingue dans le rein ouvert, comme nous l'avons supposé tout à l'heure (fig. 42, a), deux substances : l'une extérieure ou corticale; l'autre intérieure ou profonde constituant plus spécialement les sommets pyramidiformes déjà indiqués, c'est-à-dire autant de rénules habituellement confondus en un seul rein au lieu de rester séparés comme ils le sont chez les cetacés ou les phoques.

La substance des pyramides est essentiellement tubuleuse, et c'est par l'extrémité de petits tubes, dits *tubes de Bellini*, qui la forment, que l'urine sécrétée s'épanche dans les calices pour être versée dans le bassinet. Il y a aussi des tubes auprès de la partie corticale ou superficielle et ils sont en communication par une de leurs extrémités avec ceux de Bellini; on les nomme *tubes de Ferrein*. Leurs canalicules sont en partie fluxueux; ils aboutissent par leur extrémité périphérique à ce qu'on appelle les granulations de la substance rénale, ou les *corpuscules de Malpighi*.

Ces corpuscules ou granulations constituent de leur côté autant de petits pelotonnements de vaisseaux capillaires destinés à séparer l'urine du sang. Ils la transmettent par exosmose aux tubes urinifères de Ferrein, qui la conduisent à leur tour aux tubes droits de Bellini. Elle sort de ceux-ci en suintant par le sommet des pyramides et tombe dans les calices pour arriver au bassinet et passer ensuite dans l'uretère correspondant. C'est alors que l'urine entre dans les voies urinaires proprement dites, qui commencent en effet aux calices et au bassinet, et se continuent par les uretères, la vessie et l'urètre.

En dernière analyse, chacun des reins est composé de plusieurs rénules intimement soudés entre eux, et dont les sommets ou pyramides nous rappellent la séparation primitive. Ces glandes, en apparence si difficiles à bien comprendre, ne sont donc qu'un amas de tubes très-nombreux et d'une extrême finesse, mis en rapport par les corpuscules de Malpighi avec des capillaires sanguins dont ils tirent directement l'urine.

On retrouve les mêmes tubes, mais séparés les uns des autres et réduits à un petit nombre seulement, chez les insectes. Ce sont les derniers des canaux attenant à l'intestin. Ces canaux que Malpighi a également découverts et qui portent son nom (tubes malpighiens des insectes) renferment parfois de petits calculs d'acide urique.

Chez les vertébrés les éléments fondamentaux de l'appareil urinaire sont, au contraire, agrégés, et leur ensemble constituant les reins est enveloppé par une tunique fibreuse, revêtue d'une masse de graisse plus ou moins abondante, suivant les sujets. La structure de ces amas glanduleux y est en même temps plus compliquée, ce qui est en rapport avec la plus grande perfection des actes vitaux, et chaque rein est mis en communication avec le système vasculaire général par des artères et des veines.

Les artères rénales proviennent directement de la partie abdominale de l'aorte descendante, dont elles constituent deux branches raccourcies, mais proportionnellement considérables. C'est du sang rouge apporté par elles que l'urine est extraite. Les veines du rein ou veines rénales se rendent directement à la veine cave inférieure après leur sortie de ces organes.

Le point ou s'insèrent les vaisseaux sanguins qui mettent les reins en communication avec le reste du système vasculaire est la partie échancrée de ces glandes à laquelle on donne le nom de hile.

CHAPITRE VII.

CHALEUR ANIMALE.

Animaux à température fixe. — L'activité vitale dépend en grande partie de la régularité avec laquelle s'opèrent les fonctions de nutrition : les unes assimilatrices ou destinées à l'entretien de nos tissus ainsi qu'à leur accroissement, les autres désassimilatrices et destinées à rejeter au dehors sous une forme nouvelle (acide carbonique, urée, etc.) les matériaux chimiques dont nos organes sont formés, ou qu'ils ont employés pour accomplir leurs fonctions.

Une alimentation affectée à l'accroissement des parties et à leur entretien; des phénomènes de combustion s'exerçant dans tous les points du corps, quoique moins activement aux extrémités que dans les différents organes du tronc; l'élaboration des principes de nature plastique ou celle des principes respiratoires et leur combustion; enfin les divers actes que nous avons successivement énumérés en traitant des fonctions nutritives et qu'il serait superflu de rappeler ici : telles sont les principales causes de la production de chaleur dont le corps de l'homme et celui des animaux supérieurs est le foyer.

La chaleur animale est donc un fait physiologique en ce sens que sa production est due à l'organisme en action ; mais les procédés par lesquels elle se développe dans le corps de l'homme et des autres espèces dites à sang chaud ne sont pas différents de ceux qui lui donnent naissance en dehors de la vie; elle a surtout pour point de départ les phénomènes chimiques dont l'organisme est le siége. Cette chaleur est à la fois cause et effet; la vie la produit et à son tour elle est indispensable à l'exercice des fonctions vitales.

Son caractère spécial dans les deux premières classes des animaux est d'être à peu près fixe, c'est-à-dire toujours la même pour chaque espèce, ou du moins 'de ne varier que dans certaines limites fort rapprochées, quelle que soit d'ailleurs la température de l'atmosphère. En été ou dans les pays chauds, lorsque le thermomètre approche de $+40^0$ ou dépasse ce point; dans les hivers rigoureux ou dans les régions glacées des pôles, lorsque le même instrument marque -20^0 ou une température plus basse encore, la chaleur du corps humain reste sensiblement la même. Elle est en moyenne de $+37^0,5$. Des expériences suivies sur plusieurs matelots, pendant le voyage de circumnavigation de la corvette française *la Bonite*, ont montré qu'une différence de 60^0 (de -20^0 à $+40^0$) dans la température de l'atmosphère n'avait produit qu'une variation correspondante de deux degrés dans la température du corps. L'abaissement avait lieu lentement quand on passait d'un pays chaud dans un pays froid; il disparaissait rapidement si l'on revenait d'un pays froid dans un autre plus chaud.

Les enfants ont constamment une température plus élevée que les adultes (39^0 environ); ils absorbent d'ailleurs par la respiration une plus grande proportion d'oxygène; ils ont aussi besoin de plus d'aliments ternaires ou respiratoires. On sait également que produisant plus de mouvement que les adultes et les vieillards, ils ont une combustion organique et active. On remarque d'autre part que pendant l'hiver les aliments respiratoires doivent être pris en plus grande quantité qu'en été, et, dans les pays froids, il s'en fait une plus grande consommation que dans les pays chauds. La combustion de ces aliments est une des principales sources de la chaleur animale, ce qui explique comment les habitants des régions polaires sont si avides de substances grasses, d'aliments sucrés ou féculents et de boissons fermentées.

Les mêmes lois président à la température du corps chez les animaux et chez l'homme. Nous voyons les espèces qui, par les conditions de leur existence, sont le plus exposées à la perdre, être pourvues de téguments plus chauds que les autres. La fourrure des renards ou celle des loups pris en Égypte ou dans l'Inde est moins fournie et moins belle que celle des animaux de même espèce tués à la baie d'Hudson, en Sibérie ou dans la Laponie. Dans le premier cas, la bourre y est presque nulle et le poil soyeux peu serré ; dans le second, elle forme à la base des poils soyeux qui constituent le jarre une couche abondante qui nous fait rechercher ces fourrures comme moyen de conserver notre propre calorique.

Les animaux des pays chauds n'ont, pour la plupart, que des poils durs ou de nature soyeuse. Nous en avons la preuve par le cochon d'Inde, petit rongeur originaire du Pérou, que nous élevons au milieu de nos habitations. L'absence de bourre, qui le rend si sensible à nos hivers, s'oppose à ce qu'il soit réellement acclimaté. Des cochons d'Inde lâchés dans les bois, comme on le fait pour des lapins, des kangurous ou d'autres animaux à pelage plus fourni, ne tarderaient pas à périr de froid.

Des différences analogues se remarquent entre les oiseaux. Ceux qui sont le plus exposés aux variations de la température, comme les espèces nocturnes et les espèces aquatiques, sont aussi ceux qui ont au-dessous des plumes proprement dites un duvet plus abondant. Le canard eider, qui nous fournit l'édredon, est surtout remarquable sous ce rapport. Parmi les mammifères, on peut citer, comme ayant les téguments spécialement disposés pour conserver leur chaleur propre, le castor, l'ondatra et la loutre, dont la fourrure est si moelleuse et si chaude.

D'autres animaux aquatiques trouvent dans l'accumulation d'une couche épaisse de graisse au-dessous de leur peau le moyen de conserver la température produite par leurs phénomènes de nutrition, et ils peuvent n'avoir que peu ou point de poils laineux, ou même manquer complétement de poils, sans en éprouver d'inconvénients réels. Les sirénides (lamantins et dugongs) et les cétacés (cachalots, dauphins, baleines) n'ont pour ainsi dire pas de poils du tout; leur chaleur reste néanmoins constante comme celle des mammifères les mieux vêtus. Cela tient à la panne épaisse de lard sous-cutané qui s'oppose à la déperdition du calorique produit par la combustion de leurs principes respiratoires ainsi que par les autres phénomènes vitaux dont leur corps est le siége. Leurs tissus graisseux fournissent les principaux éléments de cette combustion, et en isolant le corps du milieu ambiant ils contribuent à maintenir la température à un degré suffisamment élevé.

Les oiseaux sont de tous les animaux ceux dont la respiration s'éxécute avec le plus d'activité; ce sont aussi ceux qui produisent le plus de chaleur propre. Leur température varie entre 40 et 41°, tandis que celle des mammifères diffère peu de celle de l'homme et ne s'élève guère qu'à 37 ou 38°. Les plumes dont le corps des oiseaux est abondamment couvert s'opposent à la déperdition de leur chaleur.

Animaux à température variable. — Les autres animaux ont été considérés comme ayant le sang froid, parce qu'ils ne produisent pas, comme les mammifères ou les oiseaux, une température élevée et constante; mais ils ne sont pas entièrement privés de la faculté de dégager de la chaleur, et dans les circonstances ordinaires ils sont toujours à quelques degrés au-dessus de la température environnante. En outre leur chaleur peut varier avec celle du milieu au sein duquel ils sont placés, et l'on constate que plus l'air dans lequel ils vivent est chaud, plus aussi leur vie est active. Ainsi s'explique l'agilité que manifestent en été les lézards et les serpents, animaux qui deviennent au contraire somnolents et s'engourdissent bientôt lorsque la température s'abaisse. Les grenouilles passent la mauvaise saison enfouies dans la vase, et le peu d'activité de leur respiration leur permet d'y séjourner assez

longtemps, même dans ces circonstances, sans y être as-
phyxiées. Leur peau supplée d'ailleurs à la lenteur de leur
absorption pulmonaire, et chez elles la respiration est alors
en grande partie cutanée.

L'extrême abondance des reptiles dans les pays tropi-
caux et l'agilité qu'ils y manifestent sont en rapport avec la
température plus élevée de ces régions. Au contraire, vers
les pôles il n'y a plus de reptiles, et l'on voit ces animaux devenir de plus en plus rares à mesure que l'on se rapproche
des latitudes élevées.

Certains reptiles et surtout des batraciens peuvent être
en partie congelés sans périr pour cela. Ils reviennent à eux
si on les expose avec précaution à une température moins
rigoureuse. Il en est de même pour les œufs de diverses
espèces d'animaux.

C'est ce qui a permis d'emporter d'Angleterre en Aus-
tralie des œufs de saumons, en les conservant dans de la
glace afin d'en retarder l'éclosion. Cette expérience avait
pour but l'acclimatation de cette précieuse espèce de poissons en Tasmanie; on assure qu'elle a réussi et que des
jeunes saumons ont pu être jetés dans les rivières de ce
pays où l'on en aurait repris depuis lors.

La chaleur propre des poissons dépasse en général
d'un demi-degré à un degré et demi celle de l'eau dans
laquelle ces animaux sont plongés. Quelquefois la différence est sensiblement plus considérable. Les pêcheurs
disent que le thon a le sang chaud, et l'on a trouvé
$+ 24^0, 6$ pour celui du requin, la température de l'eau étant
entre 22 et 23^0. On donne le sang de la bonite, autre espèce de la même classe, comme pouvant s'élever jusqu'à 37^0, l'eau de mer étant à 27^0.

Les insectes produisent également une certaine quantité
de chaleur. Elle est particulièrement appréciable dans les
essaims des abeilles et en hiver dans leurs ruches. Le
sphynx tête de mort est une grosse espèce de lépidoptère
dont on peut également se servir pour démontrer la production de chaleur chez les insectes. On a constaté d'ail-

leurs qu'il en est ainsi de beaucoup d'autres animaux, et une chaleur propre, d'origine animale, a été constatée jusque chez les oursins et les actinies.

Estivation et hibernation. — Il paraît que plusieurs animaux des régions intertropicales, soit mammifères, soit reptiles, éprouvent sous l'influence des fortes chaleurs de l'été une sorte d'engourdissement léthargique, pendant lequel leurs fonctions restent comme suspendues ou sont tout au moins considérablement ralenties. On a donné à cet état le nom d'*estivation*, rappelant que c'est pendant l'été qu'il a lieu.

L'*hibernation*, dont le nom rappelle un phénomène se produisant en hiver, est un engourdissement comparable au précédent, mais qui est dû à l'action du froid et s'observe dans des climats tempérés ou septentrionaux. En effet, pendant l'hiver, on rencontre souvent dans des trous de murs, sous des pierres ou dans la terre, des insectes, des reptiles, ou d'autres animaux qui sont devenus immobiles et qui restent dans cet état d'engourdissement tant que la

FIG. 44. — Spermophile.

température ne remonte pas. S'il fait plus chaud, ils reprennent bientôt l'usage de leurs sens et se mettent à marcher. Leur premier soin est alors de chercher à se procurer quelques aliments pour réparer la perte qu'ont éprouvée leurs tissus pendant qu'ils étaient endormis. Quoique durant ce temps leur dépense ait été moindre qu'elle ne l'est pendant le sommeil ordinaire, elle est loin d'avoir été nulle. La vie s'est entretenue en consommant des principes ternaires et quaternaires. La respiration était faible, souvent plus cutanée que pulmonaire ou trachéenne; elle n'avait pas cessé un seul instant de se maintenir, et le travail de la production urinaire n'était pas non plus anéanti.

Fig. 45. — Rhinolophe petit fer à cheval.

Les animaux à sang froid ne sont pas les seuls qui puissent tomber dans cet état de léthargie. Les chauves-souris, les loirs, les lérots et d'autres espèces du même groupe, les marmottes et les spermophiles rongeurs propres à l'Europe orientale, au nord de l'Asie ou à l'Amérique du Nord, présentent des phénomènes d'hibernation. Ils se retirent dans leurs réduits aussitôt que la température commence à baisser d'une manière sensible, plus particulièrement lorsque la nourriture va leur manquer; ils restent alors engourdis jusqu'à ce que l'atmosphère redevienne plus chaude. Leurs fonctions s'exercent à peine, mais elles ne sont pas complétement suspendues. Cependant la circulation se ralentit beaucoup, et la combustion respiratoire perd une grande partie de son intensité. Une marmotte qui, dans son état d'activité, brûle 1 gr., 198 de carbone par heure et pour chaque kilogramme de son poids, n'en brûle plus que 0 gr.040 ou 0,048, c'est-à-dire la 30e partie, lorsqu'elle est tombée dans le sommeil hibernal : aussi la température du corps des animaux en état d'hibernation s'abaisse-t-elle d'un nombre considérable de degrés. Spallanzani soutient même qu'une marmotte n'a plus du tout besoin de respirer si le froid continue à augmenter, et que l'on pourrait la plonger dans un gaz délétère sans la faire périr, ce qui paraît peu probable.

L'ours, le blaireau, le hamster et diverses espèces de mammifères, éprouvent, dans les mêmes circonstances, un engourdissement analogue à celui des animaux hibernants, mais qui n'est pas aussi profond. On sait que l'écureil ne s'endort pas. Buffon dit à son sujet : « Il ne s'engourdit pas comme le loir pendant l'hiver, et pour peu que l'on touche auprès de l'arbre sur lequel il repose, il sort de sa bauge, fuit sur un autre arbre, ou se cache à l'abri d'une branche. »

Dans cette espèce, comme dans les autres animaux à sang chaud, la chaleur propre que produit l'activité vitale est indispensable à l'entretien de la vie, cette activité ne se ralentissant pas. A une déperdition plus grande de calorique correspond, comme d'habitude, une activité plus grande de travail respiratoire.

L'espèce humaine est plus particulièrement dans le même cas. Un simple abaissement de quelques degrés dans la chaleur du sang et des organes intérieurs deviendrait bientôt mortel pour l'homme, et la congélation, même limitée aux extrémités, peut avoir les conséquences les plus graves. Une somnolence à laquelle on a peine à résister, est le premier effet de cet abaissement de la température du corps ; les forces se trouvent bientôt paralysées, et l'on devient incapable de toute résistance. C'est ainsi que nos soldats périssaient pendant la retraite de Moscou ; ceux que le sommeil gagnait, dans ces fâcheuses conditions, ne se réveillaient point.

CHAPITRE VIII.

ORGANES DE LOCOMOTION.

C'est un des caractères les plus constants des animaux que de pouvoir se transporter d'un point à un autre, ou tout au moins de mouvoir volontairement certaines parties de leur corps. Cette faculté de locomotion a pour instruments les muscles, et, chez les animaux vertébrés, ces muscles, ainsi que tout le reste du corps, sont soutenus, comme nous l'avons déjà fait remarquer, par une charpente osseuse, dont l'ensemble constitue le squelette. Celui-ci est l'instrument passif des mouvements; les muscles en sont les instruments actifs et ils sont à cet effet soumis à l'influence du système nerveux.

La description du squelette, envisagée chez l'homme et chez quelques animaux, nous occupera en premier lieu.

§ 1.

Squelette et organes passifs de la locomotion.

Du squelette en général. — Le squelette est une association de pièces dures nommées *os*, rattachées les unes aux autres par des articulations mobiles ou fixes, et qui forment par leur ensemble la charpente du corps. Les os doivent, en grande partie, leur solidité à du phosphate de chaux associé à une moindre quantité de carbonate de chaux; leur gangue organique est de la même nature chimique que la gélatine. On peut, en les soumettant à la chaleur rouge, les débarrasser de leurs principes organiques. En les faisant tremper dans une solution étendue d'acide chlorhydrique, on les réduit, au contraire, à leur seule substance organique, ce qui les rend souples et flexibles, comme ils l'étaient avant leur encroûtement, c'est-à-dire pendant les premiers temps de la vie. Avant d'être durs et véritablement osseux, ils étaient effectivement fibro-gélatineux; ensuite ils ont été cartilagineux et ce n'est qu'ultérieurement que leur masse a été complétement envahie par le dépôt calcaire qui les solidifie.

Le tissu squelettique, encore à l'état cartilagineux [1], se compose de cellules arrondies comprises dans une gangue moins résistante que les os et où domine la substance gélatiniforme. C'est par le fait d'une véritable substitution que les cellules osseuses remplacent plus tard les éléments cartilagineux, lorsque les os acquièrent leur consistance définitive. Ces cellules de nouvelle formation, ou les cellules osseuses, sont de forme irrégulièrement étoilée [2].

Quelques parties du squelette restent néanmoins à l'état de cartilages pendant toute la vie, et aux points de contact des os qui possèdent des articulations mobiles, c'est-à-dire aux endroits où ces os doivent jouer les uns sur les autres, les surfaces sont toujours cartilagineuses; des brides ou moyens d'attache, de nature fibreuse, constituant les *ligaments*, les retiennent attachés ensemble. En d'autres points du squelette les os s'unissent en se soudant par leurs points de contact, ce qui constitue un autre mode d'articulation.

Les *articulations* fixes et immobiles sont dites *synarthroses;* on compte parmi elles la symphyse des pubis et celle des os maxillaires inférieurs droit et gauche, ainsi que les sutures dentées des os du crâne.

1. *Zoologie, Notions préliminaires,* fig. 17, A.
2. *Ibid.,* fig. 17, B.

Les articulations mobiles sont de deux sortes. Les unes sont encore peu mobiles, comme cela se voit pour les vertèbres entre elles ; ce sont les *amphiarthroses*, dont les surfaces de contact sont mises en rapport au moyen du tissu fibreux. Les autres sont complétement mobiles ; on les nomme *diarthroses*. Leurs surfaces de contact ont des cartilages d'encroûtement. On les sous-divise à leur tour en plusieurs groupes sous les noms d'*énarthroses* (ex. l'articulation de la cuisse avec la hanche), de *condyles* (ex. l'articulation du crâne sur la colonne vertébrale, celle de la mâchoire inférieure des mammifères avec l'os temporal, etc.), de *ginglymes* (ex. les articulations du coude, de la jambe, etc.). La réunion des os entre eux par disparition de leurs articulations et continuité de leur tissu s'appelle *synostose*. Le canon des ruminants nous en montre un exemple. Avec l'âge, il arrive aux os du crâne, de la mâchoire inférieure, etc., de se synostoser. Les *ankyloses* sont des soudures accidentelles d'os qui restent habituellement séparés.

Les os sont recouverts par une membrane de nature fibreuse, qu'on appelle le *périoste*. Elle a une action évidente sur leur accroissement, et c'est toujours à sa face interne qu'apparaissent les nouvelles couches de cellules osseuses destinées à l'accroissement de ces parties, soit en diamètre, soit en longueur. L'observation physiologique et celle de nombreux cas de chirurgie ont confirmé ce fait. On le vérifie aisément au moyen d'expériences entreprises sur les animaux.

La garance mêlée aux aliments jouit de la propriété de colorer en rouge les couches osseuses qui se forment pendant que l'animal est soumis à ce régime ; c'est à elle qu'on a eu recours pour se faire une idée exacte du mode d'accroissement des os. Si l'on suspend l'emploi de la garance après l'avoir administrée pendant quelque temps à un animal, la matière osseuse qui se dépose alors cesse d'être colorée. En alternant sur un même sujet le régime à la garance et le régime ordinaire, on détermine aisément des successions de zones osseuses ou couches d'accroissement les unes rouges et les autres incolores, et l'on peut, au moyen d'amputations successives de différentes parties de son squelette, obtenir une série de pièces démontrant parfaitement ce fait curieux. Mais le nombre des couches, alternativement colorées et incolores, n'augmente pas autant qu'on pourrait le supposer. Au dépôt de nouvelles couches périphériques correspond la résorption des couches profondes plus anciennement formées. C'est par ce moyen que certains os deviennent spongieux dans leur intérieur ou s'évident même complétement, de manière à se creuser d'une cavité fistuleuse. Chez les oiseaux, cette cavité des os longs admet l'air dans son intérieur; chez les mammifères, lorsqu'elle existe, elle se remplit de la substance grasse qu'on appelle la *moelle des os;* d'autres fois elle reste vide et forme des sinus, commé on le voit aux os du crâne.

Les anatomistes ont partagé les os du squellette en os longs, os courts et os plats, mais cette distinction n'a pas en anatomie comparée la valeur qu'on peut lui attribuer, lorsqu'on n'étudie que le squelette de l'homme ou celui de quelques autres espèces prises séparément. En effet, une même pièce osseuse est de forme allongée chez un animal, et courte au contraire ou aplatie chez un autre, et si l'on passe d'un mammifère à un oiseau, ou d'un oiseau à un reptile, à un batracien et surtout à un poisson, on rencontre à cet égard des différences très-considérables même lorsqu'on a soin de considérer toujours le même os.

La plupart des os allongés présentent dans leur conformation une particularité qui facilite leur allongement. Ils sont d'abord partagés en trois pièces distinctes, dont deux terminales appelées *épiphyses,* et une intermédiaire nommée *diaphyse.* Chacune se développe séparément, et pendant la jeunesse il est toujours assez facile de les détacher les unes des autres. Mais l'accroissement en longueur une fois terminé, les épiphyses se soudent à la diaphyse par synostose, et l'os ne forme plus qu'un seul tout.

Les os encore épiphysés proviennent donc d'individus qui n'étaient pas arrivés à l'état adulte, et les épiphyses sont très-apparentes sur ceux qui ont appartenu au squelette d'individus morts jeunes. Chez les oiseaux la soudure des épiphyses se fait beaucoup plus tôt que chez les mammifères terrestres; elle est plus tardive chez les mammifères aquatiques que chez les autres.

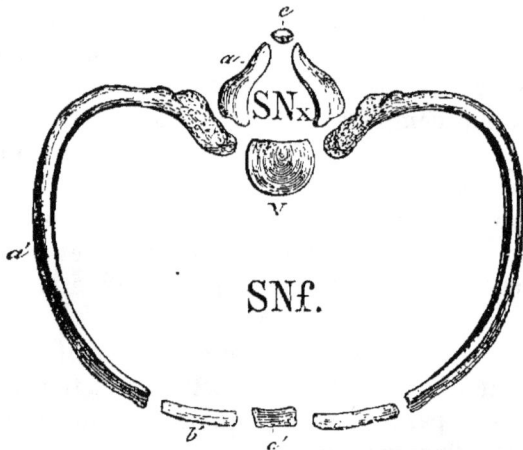

FIG. 46. — Ostéodesme ou anneau vertébral (figure théorique).

S N x est le trou rachidien ou canal protecteur du système nerveux; — S N f est le trou viscéral ou canal protecteur du système nutritif; — v) corps de la vertèbre ou centre osseux; — a) arc neural ou du système nerveux, formé par les apophyses épineuses de la vertèbre qui se soudent bientôt entre elles; — c) partie épiphysaire de l'arc neural; — a') l'arc hémal ou du système nutritif, formé par la partie osseuse des côtes et complété par leur partie cartilagineuse, b', ainsi que par la pièce sternale correspondante, c'.

L'ossification de certains os plats commence aussi par des points multiples dits *points d'ossification*, et ce n'est qu'après le développement complet du squelette que s'opère la réunion en une seule pièce de ces différents éléments qu'il est d'abord facile de séparer les uns des autres par la macération. C'est là un fait important et dont on a tiré parti lorsqu'on a cherché à établir la théorie générale du squelette; il permet de bien comprendre la formation de la vertèbre (fig. 46 et 47) et celle du crâne (fig. 49).

Rappelons aussi qu'à très-peu d'exceptions près, les os placés sur la ligne médiane du corps sont d'abord doubles et composés de deux moitiés, l'une droite et l'autre gauche, formant chacune un os à part, ce qui permet de partager le squelette en deux séries de pièces, se répétant de chaque côté du plan que l'on supposerait passer par l'axe des vertèbres pour aller rejoindre le sternum.

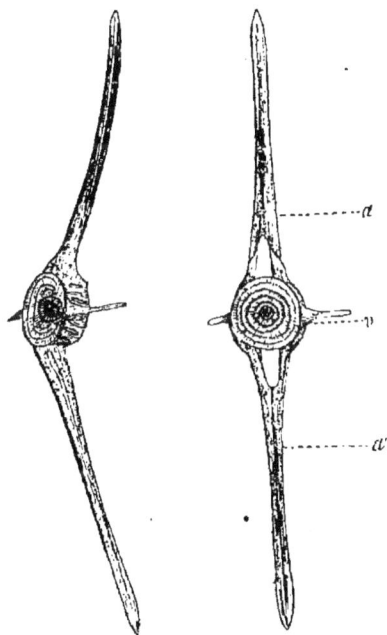

FIG. 47. — Vertèbre caudale de poisson (*turbot*), comme exemple de la similitude de forme que peuvent présenter les arcs neural et hémal d'un même ostéodesme.

a) l'arc supérieur ou neural; — *a'*) l'arc inférieur ou hémal; — *v*) le corps vertébral ou centre osseux.

Énumération des os du squelette humain. — En tenant plus compte de la position respective des os que de leur nature réelle, on peut diviser le squelette comme on divise aussi le corps, 1° en tête ou *crâne*, dont la face et la mâchoire inférieure font partie, 2° en *tronc*, comprenant les vertèbres du cou, les os du thorax, ainsi que ceux des épaules, et le bassin, et 3° en *membres*, distingués eux-mêmes en supérieurs et en inférieurs (fig. 48).

Les OS DE LA TÊTE qu'on peut ramener à des éléments vertébraux, c'est-à-dire à des ostéodesmes (fig. 49), sont, pour la partie formant la boîte protectrice du cerveau ou cavité cérébrale : le *frontal*, les *pariétaux*, l'*occipital*, les *temporaux*, situés superficiellement, le *vomer*, le *sphénoïde* ainsi que ses différentes parties et l'*ethmoïde*; ces derniers situés plus profondément et à la base du crâne dont ils sont comme les clefs de voûte.

La face comprend : les *os propres du nez*, les *os unguis* ou lacrymaux, les *maxillaires supérieurs*, auxquels se soudent, chez l'homme, les *os incisifs* ou intermaxillaires, les *jugaux* ou os malaires, les *palatins* et le *maxillaire inférieur* divisible en partie droite et gauche. On peut aussi attribuer à la tête l'*os hyoïde* qui suspend le larynx (fig. 49).

La tête est séparée du TRONC par le cou comprenant sept vertèbres, dont la première est appelée *atlas*, la seconde *axis* et la septième *proéminente*. Au tronc appartiennent aussi d'autres *vertèbres*, au nombre de 24, les côtes au nombre de 12 paires, le sternum, l'épaule et enfin les os dits innominés qui constituent le bassin par leur réunion avec les vertèbres sacrées.

Les *vertèbres* sont au nombre total de 31, savoir : les 7 *cervicales* dont nous avons déjà parlé; 12 *dorsales*; 5 *lombaires*; 4 *sacrées*, réunies entre elles pour former le *sacrum*, et enfin 3 *coccygiennes*. Celles-ci répondent à la queue des animaux; leur réunion s'appelle le *coccyx*.

FIG. 48. — Squelette humain.

cr) crâne; — vc) vertèbres cervicales; — cl) clavicule; — om) omoplate; — st) sternum; — ct) côtes; — ct') fausses côtes; — vl) vertèbres lombaires; vs) sacrum, formé par la réunion des vertèbres sacrées; — vcc) coccyx, formé par la réunion des vertèbres caudales ou coccygiennes; — oi) os innommé, comprenant l'os des hanches, l'iskion et le pubis; — hs) humérus; — rs) radius; — cs) cubitus; — ce) os du carpe; — mtc) métacarpiens; — ph) phalanges des doigts des mains; — fr) fémur; — re) rotule; — tb) tibia; — pe) péroné; — te) tarse, dont cm est le calcanéum; — mtt) métatarsiens; — ph') phalanges des orteils ou doigts des pieds.

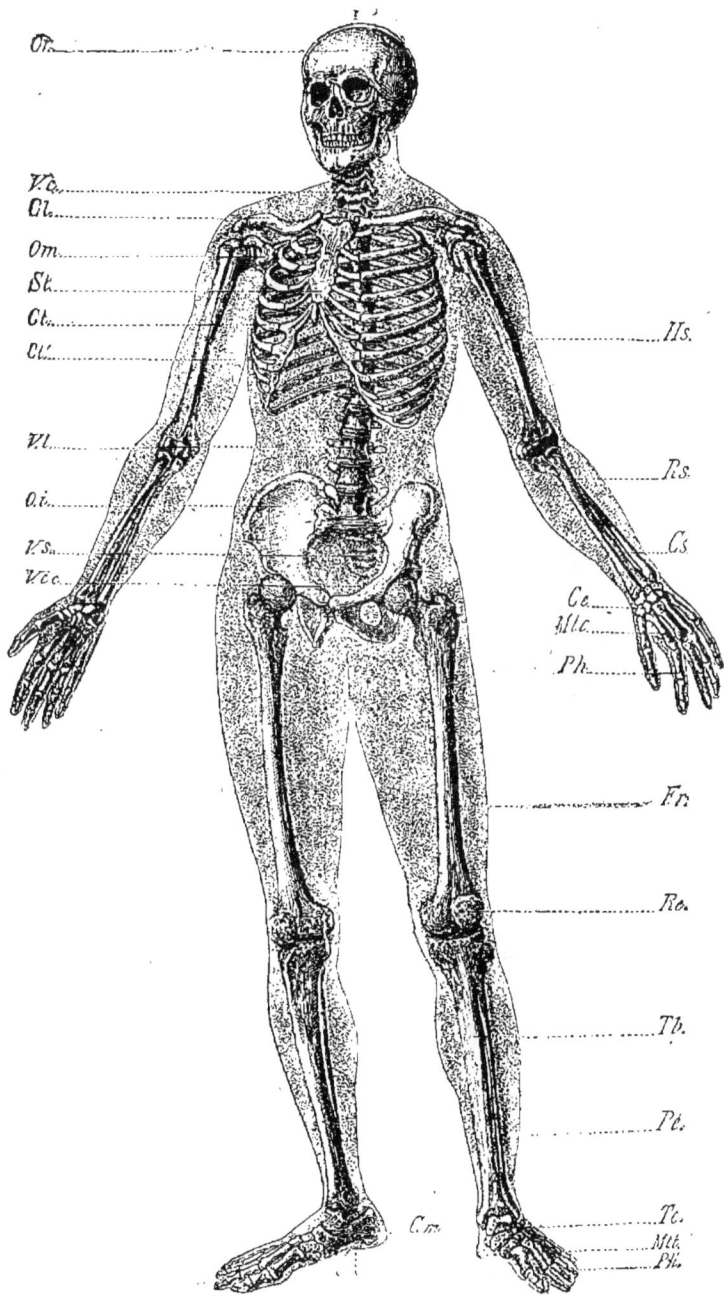

Ot.

V.c.
Cl.

Om.

St.

Ct.

Cl.

V.l.

O.i.

V.s.
Vc.c.

Hs.

Rs.

Cs.

Ca.
Mtc.
Ph.

Fr.

Re.

Tb.

Pt.

Tc.
Mtt.
Ph.

C.m.

L'empilement des vertèbres du tronc, réunies à celles du cou, forme la colonne vertébrale.

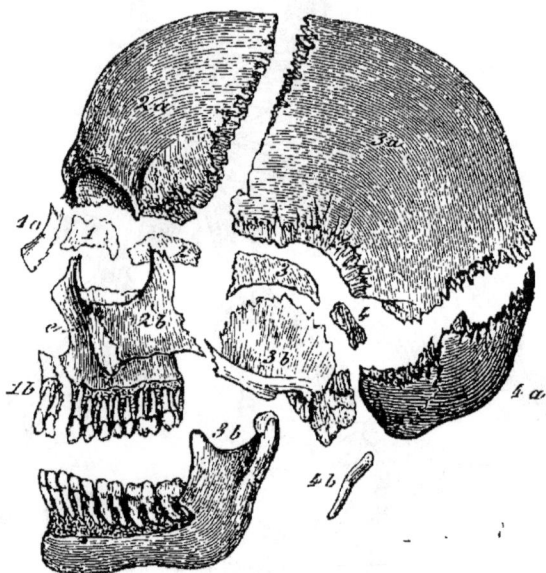

FIG. 49. — Composition vertébrale du crâne humain.

Les quatre vertèbres, qu'on peut y reconnaître, portent les nᵒˢ 1 à 4 ; les pièces de l'arc supérieur ou neural sont indiquées par la lettre *a* et celles de l'arc inférieur ou hémal par les lettres *b*, etc.

1) ethmoïde ; — 1 *a*) os du nez ; — 1 *b*) os incisif détaché du maxillaire supérieur avec lequel il se soude chez l'homme.

2) sphénoïde, partie antérieure ; — 2 *a*) frontal ; — 2 *b*) zygomatique ou malaire ; — 2 *c*) maxillaire supérieur.

3) sphénoïde, partie postérieure ; — 3 *a*) pariétal ; — 3 *b*) temporal et ses dépendances ; — 3 *b'*) maxillaire inférieur.

4) os basilaire (partie de l'occipital) ; — 4 *a*) occipital (parties latérale et supérieure) ; — 4 *b*) os hyoïde.

Aux douze vertèbres dorsales s'articulent latéralement douze paires de *côtes*, composées chacune d'une partie osseuse et d'une partie cartilagineuse. Ces côtes vont des vertèbres au sternum, os médian, placé à la partie antérieure de la poitrine et qui résulte lui-même de la jonction de plusieurs pièces successives. On les divise en *vraies côtes* et en *fausses côtes*. A son extrémité inférieure le *sternum* porte l'appendice xyphoïde constituant une lame flexible et cartilagineuse par laquelle il est terminé au-dessus du ventre.

L'épaule de l'homme est formée de deux os : l'*omoplate* et la *clavicule*. Cette dernière s'articule par un de ses bouts avec l'extrémité supérieure du sternum ; à l'omoplate est suspendu le principal os du bras ou l'humérus.

L'os dit *innominé*, ou os pelvien, qui concourt à la formation du bassin, résulte de la soudure de trois pièces d'abord distinctes placées de chaque côté du sacrum et se rejoignant sur la ligne ventrale. Ces pièces qui se soudent bientôt ensemble par synostose, sont l'*os des îles* ou os des hanches, le *pubis* et l'*iskion* ou os du siége. Les pubis droit et gauche sont unis par symphyse à la partie inférieure et médiane de l'abdomen.

Les MEMBRES (fig. 48)[1] sont les appendices du tronc. On les distingue, d'après leur position, en supérieurs ou thoraciques, et inférieurs ou abdominaux. Dans les animaux ils sont antérieurs ou postérieurs.

Le membre supérieur a pour parties diverses : l'os du bras ou l'*humerus;* les deux os de l'avant-bras (*radius* et *cubitus*), et les os de la main partagés en *os du carpe*, dont il y a deux rangées, os de *métacarpe*, au nombre de cinq, et *phalanges* ou os des doigts.

Des deux rangées d'os carpiens, la première comprend, en allant du dedans au dehors, c'est-à-dire du pouce au petit doigt, le *scaphoïde*, le *semi-lunaire*, le *pyramidal* et le *pisiforme*. A la seconde rangée appartiennent le *trapèze*, le *trapézoïde*, le *grand os* et l'*os crochu*.

Le membre postérieur est composé à peu près de même, mais les os y portent d'autres noms. Ce sont le *fémur* ou os de la cuisse; le *tibia* et le *péroné*, constituant les os de la jambe, et les os du pied, divisés, comme ceux de la

1. *Zoologie, Notions préliminaires,* fig. 36 à 43.

main, en plusieurs rangées, qui forment le *tarse*, le *méta-
tarse* et les *orteils* divisés à leur tour en phalanges.

La première rangée des os du tarse comprend l'*astragale*
et le *calcanéum* ou os du talon. Au devant de l'astragale
est un autre os appelé *scaphoïde*. La seconde rangée est
formée par les trois *os cunéiformes* et par le *cuboïde*.

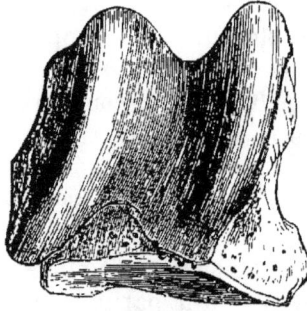

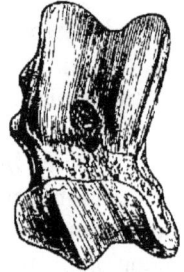

FIG. 50. — Astragale du *Cheval*.   FIG. 51. — Astragale du *Porc*.

Le membre inférieur présente, en avant du tibia et près
de l'extrémité supérieure de cet os, une pièce osseuse qui
n'a pas son correspondant au membre antérieur, du moins
dans notre espèce; c'est la *rotule*, assez gros os de la nature
de ceux dits sésamoïdes, qui sont placés dans certains
tendons pour en faciliter le glissement. Les chauves-souris
et certains oiseaux ont une rotule au coude comme à la
jambe.

Squelette des Mammifères. — Les animaux de cette
classe[1] n'ont pas toujours le même nombre d'os que l'homme, et des différences, quelquefois considérables, s'obser-
vent dans la conformation de leur squelette. Tous cependant ont, comme l'homme lui-même, le maxillaire inférieur
d'une seule pièce et leur crâne est également articulé avec
l'atlas par deux condyles. Sauf les paresseux aï qui ont,
suivant l'espèce, tantôt huit, tantôt neuf vertèbres cervica-

1. *Zoologie, Notions préliminaires*, fig. 103.

les, ils ont constamment sept de ces vertèbres, quelle que soit d'ailleurs la longueur de leur cou, et leur épaule, à part celle des monotrèmes, n'a jamais que deux os au plus, l'omoplate et la clavicule ; encore la clavicule manque-t-elle dans beaucoup d'espèces ou y est-elle moins developpée que chez l'homme. A d'autres égards on trouve de nombreux caractères distinctifs en comparant l'ostéologie des mammifères à la nôtre, et les animaux en présentent aussi, suivant les familles naturelles auxquelles ils appartiennent.

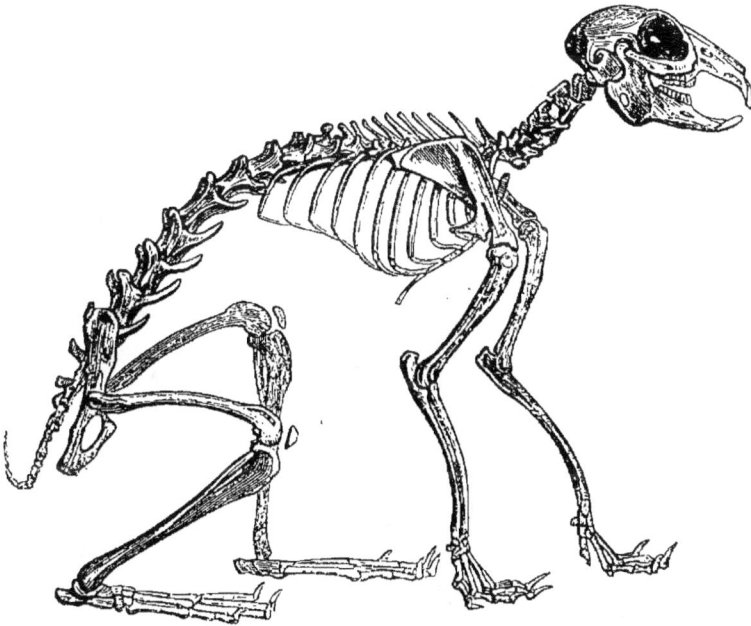

Fig. 52. — Squelette du *Lapin*.

Ces particularités, qui sont en rapport avec le mode de locomotion et plusieurs autres conditions de la physiologie des mammifères, peuvent éclairer la classification ; c'est par leur étude approfondie, jointe à celle du système dentaire, que l'on est arrivé à la détermination exacte des animaux fossiles de la même classe.

FIG. 53. — Humérus de la *Taupe*.

Les marsupiaux et les monotrêmes se distinguent du reste des mammifères par la présence au devant des pubis d'une paire d'os particuliers, auxquels on a donné le nom d'*os marsupiaux* (fig. 54.)

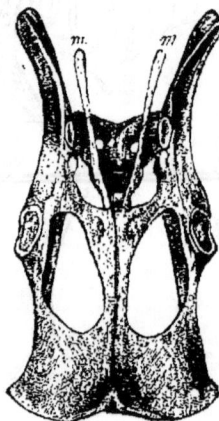

FIG. 54. — Bassin du *Kangurou*, montrant les os marsupiaux, *mm.*

Les monotrêmes sont les seuls mammifères qui aient trois os à l'épaule, ce qui tient à la présence chez eux d'un os appelé *coracoïdien* et que l'on retrouve aussi chez la plupart des ovipares aériens. Il paraît répondre à l'apophyse coracoïde de l'omoplate qui serait devenue ici une pièce distincte, au lieu de rester soudée à cet os comme cela a lieu ordinairement (fig. 55).

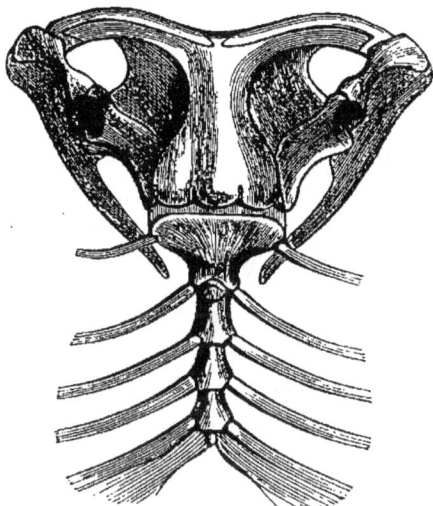

Fig. 55. — Épaule d'*Ornithorynque*.

Quoique l'observation démontre le contraire, plusieurs auteurs avaient cherché à prouver que tous les mammifères ont comme l'homme les extrémités terminées par cinq doigts. Le nombre de ces rayons osseux formés par les phalanges est tantôt de quatre, tantôt de trois, tantôt de deux; dans quelques cas il est réduit à un seulement, comme nous le voyons dans les espèces du genre cheval. Cette réduction du nombre des doigts, de cinq à un, ne s'accomplit pas au hasard, mais au contraire en suivant un ordre régulier. Le premier doigt qui disparaisse est le pouce; les animaux à quatre doigts manquent donc de cet organe. Ensuite c'est le cinquième qui fait défaut, le même qu'à la main de l'homme on appelle doigt auriculaire ou petit doigt; puis le second ou index, enfin le quatrième ou annulaire.

Dans les chevaux, où il n'y a plus qu'un seul doigt,

ce doigt répond donc pour le pied de devant à notre médius, et, pour le pied de derrière, à notre troisième orteil (fig. 48).

Le pérodictique, sorte de lémurien propre à la côte occidentale d'Afrique, a, par exception, l'index, ou second doigt des membres antérieurs, tout à fait rudimentaire, tandis que ses autres doigts prennent un développement égal à celui qu'ils ont chez les animaux de la même famille.

A l'exception du chevrotain de Guinée (genre hyémosque), les ruminants ont tous les deux métacarpiens ou métatarsiens principaux soudés ensemble et formant un canon. Ce canon[1] porte à sa partie inférieure deux poulies articulaires destinées aux deux doigts qui ont valu à ces animaux le nom de bisulces ou bisulques. Le cochon a aussi les doigts fourchus, mais il n'a pas de canon, ses métacarpiens et métatarsiens restant séparés. Chez le cheval le canon[2] n'est formé que par un seul métacarpien ou métatarsien, aussi ne porte-t-il qu'un seul doigt. Les doigts latéraux n'existent pas dans cette espèce : on n'en retrouve d'autre vestige que les métacarpiens ou métatarsiens amincis qui longent le canon et restent cachés sous la peau.

Le nombre des phalanges pour chaque doigt est habituellement de trois. On les appelle, la première, *phalange*; la seconde, *phalangine*, et la troisième, *phalangette*. Le pouce n'a cependant que deux phalanges; mais chez les cétacés il y en a souvent plus de trois aux doigts intermédiaires; c'est ce que l'on peut constater par la figure que nous avons donnée de la nageoire du dauphin globiceps[3], l'une des espèces de l'ordre des cétacés qui ont les nageoires les plus longues et nagent le mieux.

Le squelette des *oiseaux* est remarquable par sa précoce

1. *Zoologie, Notions préliminaires,* fig. 41 et 42.
2. *Ibid.*, fig. 40.
3. *Ibid.*, fig. 43.

ossification, etc. Le sternum (fig. 56 à 58) y montre une forme tout à fait propre à cette classe d'animaux. Aux membres antérieurs le cubitus et plusieurs os de la main supportent les pennes ou plumes des ailes (fig. 60) qui sont les principaux instruments du vol. Le tarse (fig. 59) n'est pas moins singulier.

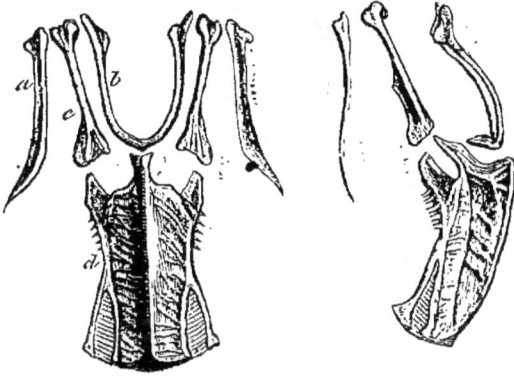

FIG. 56. — Épaule et sternum d'oiseau (le *Moineau*); vus de face et de profil. *a)* omoplate; — *b)* clavicule, dite fourchette; — *c)* coracoïdien; — *d)* sternum.

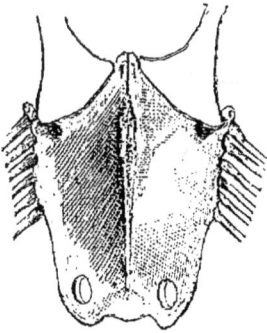

FIG. 57. — Sternum du *Vautour*; vu de face.

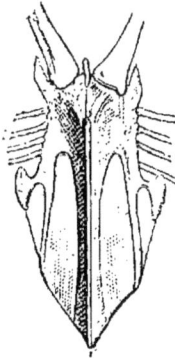

FIG. 58. — Sternum du *Coq*; vu de face.

FIG. 59.—Tarse du *Coq* et son éperon osseux.

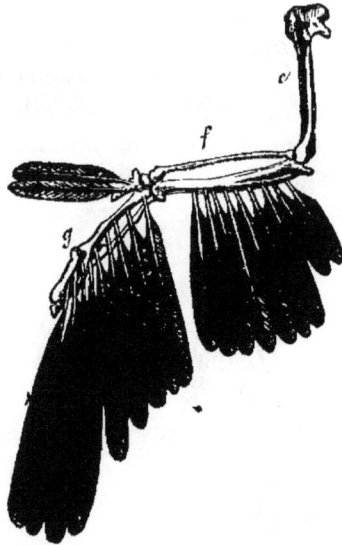

FIG. 60. — Aile d'oiseau (le *Moineau*).

e) humérus; — *f)* os de l'avant-bras : radius et cubitus; celui-ci porte les pennes dites cubitales; — *g)* les doigts et leurs pennes. Les pennes du pouce forment le faisceau supérieur.

Chez les chéloniens[1] le squelette est plus singulier encore et les particularités qu'il présente chez les sauriens, les ophidiens et les batraciens[2] ne sont pas moins curieuses à étudier. Il en est de même de celui des poissons qui dans certaines espèces reste cartilagineux tandis qu'il s'ossifie chez les autres. La perche (fig. 61), la carpe, le brochet, le merlan, le maquereau, etc., sont des poissons osseux; le requin, la raie[3], la lamproie sont cartilagineux.

1. *Zoologie, Notions préliminaires*, fig. 105.
2. *Ibid.*, fig. 106 et 107.
3. *Ibid.*, fig. 108.

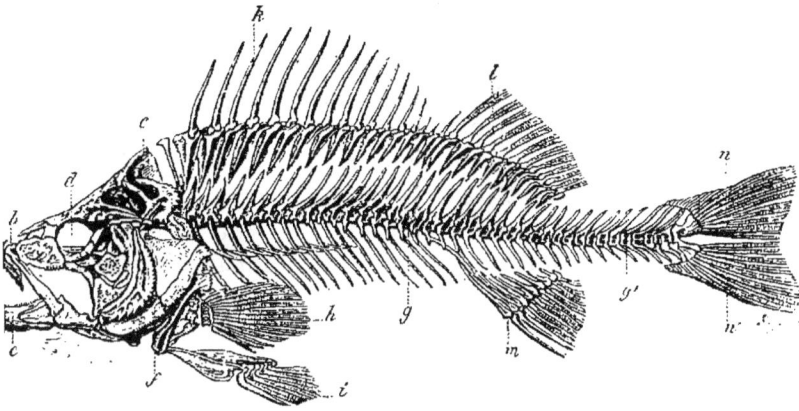

FIG. 61. — Squelette de la *Perche fluviatile*.

a) os intermaxillaire; — b) os maxillaire supérieur; — c) maxillaire inférieur; — d) orbite bordée inférieurement par les os sous-orbitaires; — e) région occipitale; — f) opercule: — gg') colonne vertébrale et ses arcs osseux supérieur et inférieur; — h) nageoire thoracique; — i) nageoire ventrale, ici placée sous la gorge, comme dans les autres acanthoptérygiens; — k) rayons épineux de la nageoire dorsale antérieure; — i) rayons mous de la nageoire dorsale postérieure; — m) rayons de la nageoire anale; — nn') les deux séries de rayons qui constituent la nageoire caudale.

§ 2.

Muscles et autres organes actifs de la locomotion.

Les mouvements, soit généraux, soit partiels, des animaux s'exécutent au moyen de fibres contractiles dont on distingue plusieurs sortes.

Certaines de ces fibres sont insérées à la surface des membranes par un de leurs bouts seulement; elles sont très-fines et ne peuvent être aperçues qu'au microscope. Ce sont des *cils vibratiles*, comme on en voit fréquemment sur le corps des infusoires; il s'en trouve aussi à la surface de certaines membranes des animaux vertébrés, sur la pituitaire ou muqueuse nasale par exemple, et sur la muqueuse respiratrice (fig. 31). Ces cils vibratiles sont remarquables par les mouvements continuels qu'ils exécutent.

D'autres fibres également contractiles sont de nature élastique. Elles sont mêlées au tissu connectif ou fibreux, soit dans les ligaments intervertébraux et dans d'autres parties du système ligamentaire, soit dans la peau elle-même, à laquelle elles donnent cette contractilité involontaire dont nous avons la preuve dans ce qu'on appelle vulgairement la *chair de poule*. Elles forment alors le tissu dartoïque.

Mais les fibres contractiles par excellence sont les fibres musculaires, qui sont toujours attachées par leurs deux extrémités et constituent tantôt des anneaux (fibres circulaires), tantôt des faisceaux plus ou moins allongés (fibres longitudinales). Elles résultent à leur tour de la réunion de fibrilles très-déliées, ayant chacune une enveloppe propre ou sarcolemme ; c'est dans ces fibrilles primitives des muscles que réside la contractilité. Elles sont associées par petits faisceaux également pourvus d'une enveloppe, et leur association par groupes plus considérables constitue les muscles proprement dits.

Il y a deux sortes de fibrilles musculaires élémentaires, et le mode d'action de ces fibres n'est pas non plus le même. Les unes paraissent résulter de la superposition de petits disques charnus, espèces de cellules disciformes dont la réunion forme ces fibres (fig. 62) et qui peuvent probablement se serrer les uns contre les autres ou s'écarter, suivant que les muscles se contractent ou qu'ils sont relâchés. La plupart des micrographes admettent que ces petits disques, vus par la tranche, donnent aux fibres musculaires qui en sont pourvues l'apparence striée qui les a fait appeler *fibres striées* ou *variqueuses*. Les fibres striées constituent par leur groupement en faisceaux les muscles de la vie de relation ou muscles du mouvement volontaire. Les fibres musculaires du pharynx et celles du cœur ont aussi cette apparence ; on la retrouve encore, mais par exception, dans celles de la tunique intestinale de la tanche et d'un petit nombre d'autres poissons. Les fibres musculaires des organes soustraits à l'action de la volonté sont au contraire des *fibres lisses*, c'est-à-dire sans apparence de stries transversales. Le tube digestif, depuis l'œsophage inclusivement jusqu'à l'anus exclusivement, a sa tunique musculaire formée de semblables fibres. La vessie urinaire et l'iris sont aussi dans ce cas, et certains auteurs regardent comme étant du même ordre les fibres contractiles du dartos dont il a été question plus haut, à propos des parties contractiles de nature fibreuse qui ne sont pas disposées sous forme de muscles.

Les muscles à fibres striées ou muscles de la vie de relation constituent la chair des animaux. On sait de quelle importance est cette substance dans l'alimentation de l'homme et des carnassiers ; elle est riche en principes analogues à la fibrine, parmi lesquels on distingue la créatine. Elle renferme aussi de l'albumine, des sels de soude et de potasse ainsi que des corps gras composés d'oléine, de margarine, de stéarine et d'acide oléphosphorique, qui y sont dans des proportions différentes suivant les différentes espèces. Souvent, les viandes des animaux sauvages, bêtes fauves et gibier, ont d'autres qualités alimentaires que celles des animaux domestiques ou des oiseaux de basse-cour, et il s'en faut de beaucoup qu'on les digère toutes avec la même facilité. Les poissons nous présentent des différences analogues. Ceux qui ont la chair blanche et légère ne possèdent qu'une faible proportion d'acide gras

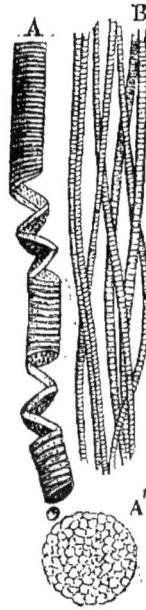

FIG. 62. — Tissu musculaire.

A) fibrille musculaire dépouillée de son enveloppe ou sarcolemme, pour faire voir les disques successifs que l'on suppose constituer ses éléments cellulaires.

A') l'un de ces disques, vu isolément.

B) plusieurs fibres moins grossies que celle de la figure A, montrant les stries caractéristiques des fibres musculaires de la vie de relation.

phosphoré, lequel existe au contraire plus abondamment dans la chair colorée, compacte et savoureuse d'un certain nombre d'autres espèces; les premiers sont aussi d'une digestion plus prompte, comme on le sait, pour le merlan, la limande et le carrelet, comparés au maquereau, au thon ou au saumon.

Ces observations nous expliquent comment la digestion d'aliments tirés d'une même classe d'animaux est tantôt facile, tantôt au contraire difficile, et comment tels de ces animaux conviennent mieux que d'autres à certaines personnes.

Muscles du mouvement volontaire. — Dans les diverses parties du corps, les fibres contractiles élémentaires pourvues de leurs enveloppes ou sarcolemmes se fasciculent par petits groupes; ce sont ces faisceaux de fibres associés par masses plus ou moins considérables qui forment ce qu'on appelle les *muscles* (fig. 63).

Les *aponévroses* sont les lames de tissu connectif dont les muscles et leurs divers faisceaux composants sont enveloppés.

Les muscles ne s'insèrent pas directement aux os par leurs parties charnues. Des filaments de nature fibreuse réunis en bandelettes allongées, épaisses et résistantes, sont chargés de cette fonction; ces nouveaux organes sont les *tendons* (fig. 63). Ils ne possèdent pas la propriété de se contracter, mais ils constituent de puissants moyens d'attache qui mettent la force musculaire en rapport avec les os qu'elle fait mouvoir; c'est par leur intermédiaire que les muscles agissent sur le squelette. Les os et leurs muscles deviennent ainsi autant de leviers ayant leur point d'appui, leur résistance et leur puissance dans des relations qui rappellent celles des trois genres de leviers dont la mécanique nous donne la description.

Effectivement, les *trois genres de leviers* sont tous trois représentés dans l'appareil locomoteur de l'homme.

Les *leviers du premier genre* ou *intermobiles* ont le point d'appui placé entre la puissance et la résistance; telle est la tête, qui se meut sur l'atlas, première vertèbre du cou, et se dirige soit dans un sens soit dans l'autre, suivant qu'elle se penche en avant, en arrière, ou même latéralement.

Les *leviers du second genre* ou *interrésistants* ont la résistance placée entre le point d'appui et la puissance. Nous en avons un exemple dans l'appropriation du pied pour la marche. Le sol sert de point d'appui au talon; l'action du pied et de la jambe est une puissance qui se manifeste particulièrement par l'intervention des doigts et de leurs muscles, et le poids du corps portant spécialement sur le milieu du pied devient à son tour la résistance.

Les *leviers du troisième genre* ou *interpuissants* ont la puissance placée entre le point d'appui et la résistance. Nous les retrouvons dans la flexion de l'avant-bras sur le bras, dans celle de la jambe sur la cuisse, etc.

C'est en se raccourcissant momentanément que les muscles agissent. Par cette action, ils rapprochent leurs extrémités en élargissant d'autant leur partie intermédiaire qui est essentiellement charnue, et il en résulte un déplacement correspondant de leurs points d'insertion. Leur longueur, leur épaisseur, leur mode d'implantation varient avec les efforts qu'ils doivent

Fig. 63. — Muscle isolé dont on voit la partie charnue ou ventre et les tendons d'attache *bb* et *c*. Ce muscle qui est le biceps brachial a deux tendons, *bb*, à l'une de ses extrémités, et un seulement à l'extrémité opposée.

produire, ce qui nous donne la clef des innombrables variétés de dispositions que les animaux présentent sous ce rapport suivant qu'ils sont destinés à marcher, à sauter, à grimper, à voler ou à nager. Il est à noter que chaque effort musculaire est accompagné d'un dégagement d'électricité,

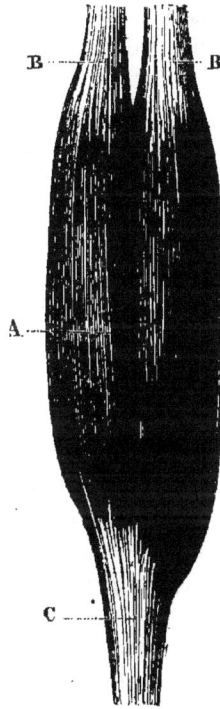

faible, il est vrai, mais facilement appréciable à l'aide du galvanomètre; c'est ce dont on peut faire l'expérience sur soi-même.

La vivacité des contractions, l'amplitude des mouvements partiels des fibrilles des muscles et, si l'on peut dire ainsi, la nature des trépidations intérieures que ces agents de la locomotion exécutent varient aussi avec les animaux qu'on étudie et l'on a pu au moyen de certains instruments graphiques inscrire la nature des vibrations qu'ils exécutent comme on inscrit celles du son ou de la lumière. Il est alors facile de voir, si l'on excite par exemple les muscles d'un oiseau ou ceux d'une tortue au moyen de l'électricité, que les contractions musculaires de l'oiseau sont plus nombreuses dans l'unité de temps que celles de la tortue, animal que nous savons être plus lent et d'une sensibilité plus obtuse.

Le curare est un poison des indiens d'Amérique qui possède la singulière propriété d'enlever aux muscles soumis à l'empire de la volonté leur contractibilité, en paralysant leurs nerfs moteurs; la digitaline porte son action sur le cœur.

Myologie. — On donne ce nom à la description des muscles des animaux envisagés dans leur disposition générale et dans leurs rapports avec les os ou les différentes autres parties dont ils déterminent les mouvements. Les os sont en effet des leviers dont les muscles constituent les puissances, et suivant les animaux chez lesquels on les examine, ils présentent, comme les muscles, de nombreusess particularités dont les lois de la mécanique peuvent toujours rendre compte. Il est d'ailleurs facile de comprendre comment les principaux genres de locomotions comportent des dispositions spéciales dans les différentes pièces osseuses à l'aide desquelles ils sont exécutés, et concurremment dans la longueur, le point d'insertion ou la masse des muscles agissant sur les os. Aussi l'étude de la myologie comparée embrasse-t-elle, comme celle de l'ostéologie envisagée dans la série des animaux vertébrés, des détails extrêmement multipliés, et dont de bonnes figures ou des préparations

anatomiques permettent de suivre la description d'une
manière satisfaisante. On constate alors les conditions

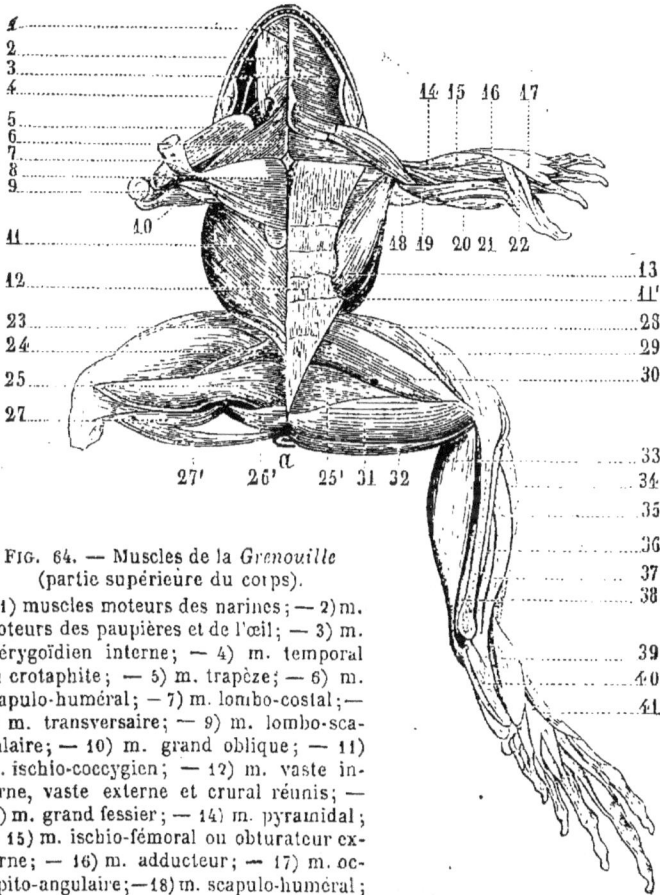

FIG. 64. — Muscles de la *Grenouille*
(partie supérieure du corps).

1) muscles moteurs des narines; — 2) m. moteurs des paupières et de l'œil; — 3) m. ptérygoïdien interne; — 4) m. temporal ou crotaphite; — 5) m. trapèze; — 6) m. scapulo-huméral; — 7) m. lombo-costal;— 8) m. transversaire; — 9) m. lombo-scapulaire; — 10) m. grand oblique; — 11) m. ischio-coccygien; — 12) m. vaste interne, vaste externe et crural réunis; — 13) m. grand fessier; — 14) m. pyramidal; — 15) m. ischio-fémoral ou obturateur externe; — 16) m. adducteur; — 17) m. occipito-angulaire;—18) m. scapulo-huméral; — 19) m. lombo-huméral; — 20) m. triceps olécrânien; — 21) m. huméro-cubital; — 22) m. carpo-métacarpien de l'index; — 23) second m. huméro-cubital; — 24) m. huméro-sus-digital; — 25) m. phalangiens; — 26) m. huméro-sous-phalangien; — 27) m. moyen fessier; — 28) m. triceps crural; — 29) m. biceps crural; — 30) m. demi-aponévrotique; — 31) m. droit interne; — 32) m. jumeaux; — 32') leur partie plantaire formant le fléchisseur commun des doigts; — 33) m. jambier antérieur; — 34) m. péronier latéral; — 35) m. péronier antérieur; — 36) m. fléchisseur de l'orteil médian; — 37) m. pédieux.

principales de la locomotion terrestre et celles du saut,
du vol, de la nage, etc., etc. Cette étude offre un in-

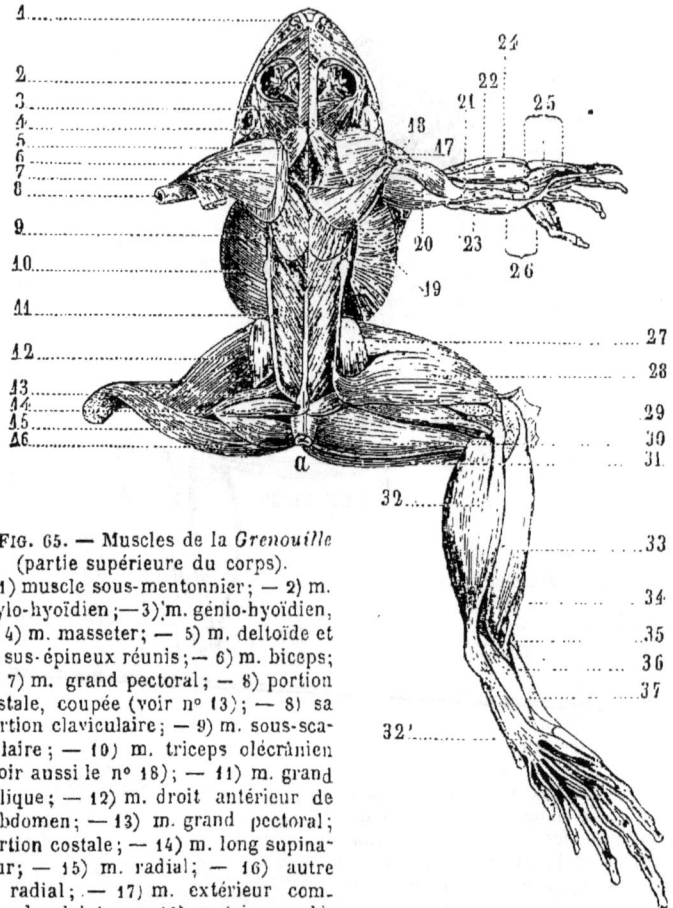

Fig. 65. — Muscles de la *Grenouille*
(partie supérieure du corps).

1) muscle sous-mentonnier; — 2) m.
mylo-hyoïdien; — 3) m. génio-hyoïdien,
— 4) m. masseter; — 5) m. deltoïde et
m. sus-épineux réunis; — 6) m. biceps;
— 7) m. grand pectoral; — 8) portion
costale, coupée (voir n° 13); — 8) sa
portion claviculaire; — 9) m. sous-sca-
pulaire; — 10) m. triceps olécrânien
(voir aussi le n° 18); — 11) m. grand
oblique; — 12) m. droit antérieur de
l'abdomen; — 13) m. grand pectoral;
portion costale; — 14) m. long supina-
teur; — 15) m. radial; — 16) autre
m. radial; — 17) m. extérieur commun des doigts; — 18) m. triceps olé-
crânien; — 19) m. radial antérieur; — 20) m. fléchisseur superficiel des doigts;
— 21) m. cubital antérieur; — 22) m. extérieur propre et m. long adducteur
du pouce; — 23) m. triceps crural (voir aussi n° 29); — 24) m. pectiné; —
25 et 26) m. premier et second adducteurs; — 27) m. demi-tendineux; — 28) m.
du fascia-lata; — 29) m. triceps crural; — 30) m. couturier; — 31) m. gr.
adducteur; — 32) m. droit interne; — 33) m. jumeaux; — 34) m. péronier;
— 35 et 36) deux portions du m. jambier antérieur; — 37) portion accessoire
du même; — 38) m. soléaire; — 39) portion pédieuse du jambier antérieur; —
40) id. du jambier postérieur; — 41) m. pédieux.

térêt véritable, dont l'examen des différentes classes d'animaux nous a déjà fourni de nombreux exemples [1]. Nous nous bornons en ce moment à des indications relatives à la myologie de la grenouille, parce qu'elles sont faciles à vérifier, la dissection des animaux de cette espèce étant toujours possible [2].

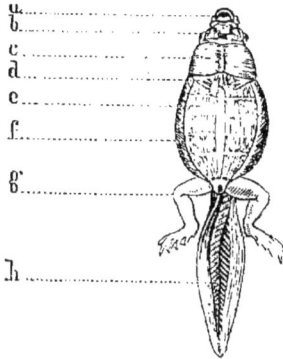

FIG. 66. — Muscles d'un têtard de *Crapaud*.

a) muscles des mâchoires; — *b*) m. de la région oculaire; — *c*) m. sous-brachial; — *d*) les pattes de devant; — *e*) m. droit antérieur de l'abdomen; — *f*) m. grand oblique; — *g*) les pattes postérieures; — *h*) muscles caudaux.

Dans l'homme, cette étude comporte de nouveaux problèmes relatifs au mode de station. Il se tient debout au lieu de marcher incliné ou placé horizontalement comme le font les autres mammifères, et tout en lui, squelette, muscles, etc., est en harmonie avec l'attitude qui le distingue. Les principales particularités de son ostéologie (fig. 48) sont elles-mêmes en rapport avec son mode de locomotion.

1. Voir *Zoologie*, 1re et 2e année.
2. Voir, pour le squelette du même animal, *Zoologie*, *Notions préliminaires*, fig. 106 et 107.

CHAPITRE IX.

INNERVATION ET SYSTÈME NERVEUX.

L'agent indispensable des fonctions de la sensibilité est le *système nerveux*, qui est en même temps l'organe incitateur des contractions musculaires et par suite le principal agent de la locomotion. Il est formé, dans son ensemble, par un tissu pulpeux, non contractile, fort différent de tous

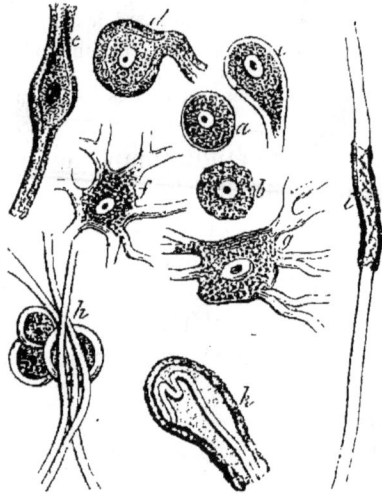

FIG. 67. — Structure élémentaire du système nerveux.
a et *b*) cellules nerveuses sphériques; — *c* et *d*) cellules unipolaires; — *e*) cellule bipolaire: — *f* et *g*) cellules multipolaires; — *h*) cellules sphériques des ganglions et fibres nerveuses; — *e* et *k*) fibres nerveuses conductrices et leur enveloppe.

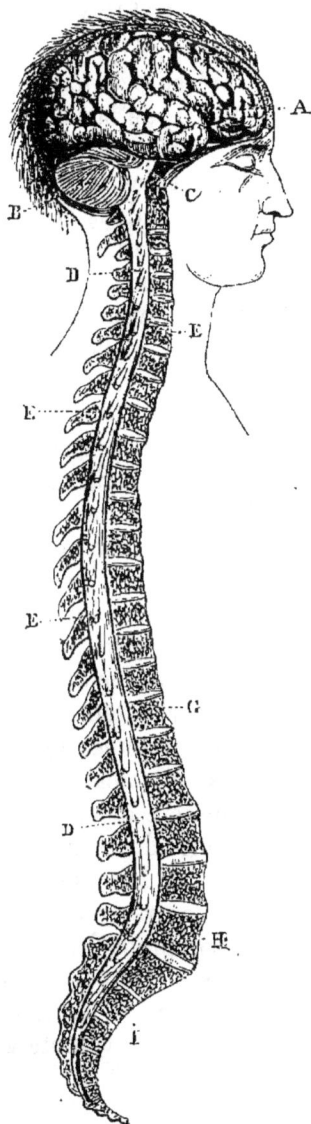

FIG. 68. — Coupe du crâne et de la colonne vertébrale, montrant le système
nerveux encéphalo-rachidien de l'homme.
a) hémisphères du cerveau ; — b) cervelet ; — c) moelle allongée ; — d d) moelle
épinière et racines des nerfs spinaux ; — e e) coupe des apophyses épineuses
des vertèbres ; — g h et i) coupe des corps vertébraux.

les autres, très-facilement altérable et dont l'action s'étend sur les différents organes (fig. 67).

Le système nerveux présente deux ordres de parties : d'abord les *masses nerveuses*, de structure cellulaire, tantôt réunies plusieurs ensemble, tantôt séparées les unes des autres, et qui constituent des lobes ou des ganglions; ensuite les *nerfs*, sortes de cordons conducteurs, mettant les lobes et les ganglions en communication avec les divers organes dont ils doivent recevoir les impressions, diriger les fonctions ou exciter les mouvements. On a comparé les nerfs à des conducteurs électriques, et l'agent nerveux a lui-même été assimilé à l'électricité par beaucoup d'auteurs. Il lui ressemble en effet à différents égards et il se manifeste par la mise en jeu d'appareils particuliers, qui sont ici les masses nerveuses constituant les lobes ou ganglions dont il vient d'être question ; mais quelques caractères le distinguent de l'électricité. On constate entre autres différences que la vitesse de propagation de l'influx nerveux à travers les conducteurs qui lui sont destinés, c'est-à-dire à travers les nerfs est notablement moindre que celle de l'électricité à travers les conducteurs métalliques.

Les animaux vertébrés présentent deux systèmes d'organes nerveux. L'un de ces systèmes est affecté à la *vie de relation*; il a pour masses principales ou centres d'action le cerveau et la moelle épinière (système encéphalo-rachidien); ses nerfs sont les nerfs des sens spéciaux, les nerfs de la sensibilité générale et les nerfs qui servent aux mouvements volontaires. L'autre système nerveux est celui de la *vie de nutrition*; il comprend les ganglions du grand sympathique ainsi que les filets nerveux qui en proviennent ; les fonctions auxquelles il préside ne sont pas du nombre de celles sur lesquelles la volonté a de l'action.

I

Système nerveux de la vie de relation.

Cette partie du système nerveux est celle par laquelle l'animal est tenu au courant des phénomènes qui se passent les uns en lui-même, les autres extérieurement à son propre corps et par conséquent dans le monde ambiant. Elle est le siége des perceptions et l'agent de la volonté. On y distingue : 1° les centres nerveux, c'est-à-dire le cerveau, ou encéphale, et la moelle épinière ; ces deux parties formant par leur réunion le *système encéphalo-rachidien*; 2° les *nerfs*, qui établissent une communication directe entre le système encéphalo-rachidien et les organes des sens ainsi que les différentes parties du corps pourvues de sensibilité ou celles qui sont douées de loco-motilité volontaire.

Ces deux ordres de parties nerveuses existent chez tous les animaux vertébrés, mais elles y sont plus ou moins développées suivant la classe ou la famille chez laquelle on les étudie : la grenouille nous en offrira un exemple facile à se préparer (fig. 69).

Encéphale ou cerveau. — Le cerveau est logé dans le crâne, qui le protége et l'enveloppe ; il est de plus entouré de membranes, intérieures au crâne lui-même, qui sont au nombre de trois, savoir : la *dure-mère*, de nature fibreuse, appliquée à la face interne de la boîte osseuse avec le périoste de laquelle elle se confond ; l'*arachnoïde*, de nature séreuse, et la *pie-mère*, essentiellement vasculaire, et traversée par les vaisseaux allant à la pulpe cérébrale ainsi que par ceux qui en reviennent. La première se moule sur les contours de la surface cérébrale et elle en suit jusqu'aux moindres replis. La réunion de ces trois membranes constitue les *méninges* ou enveloppes molles du cerveau, qui s'étendent aussi sur la moelle épinière.

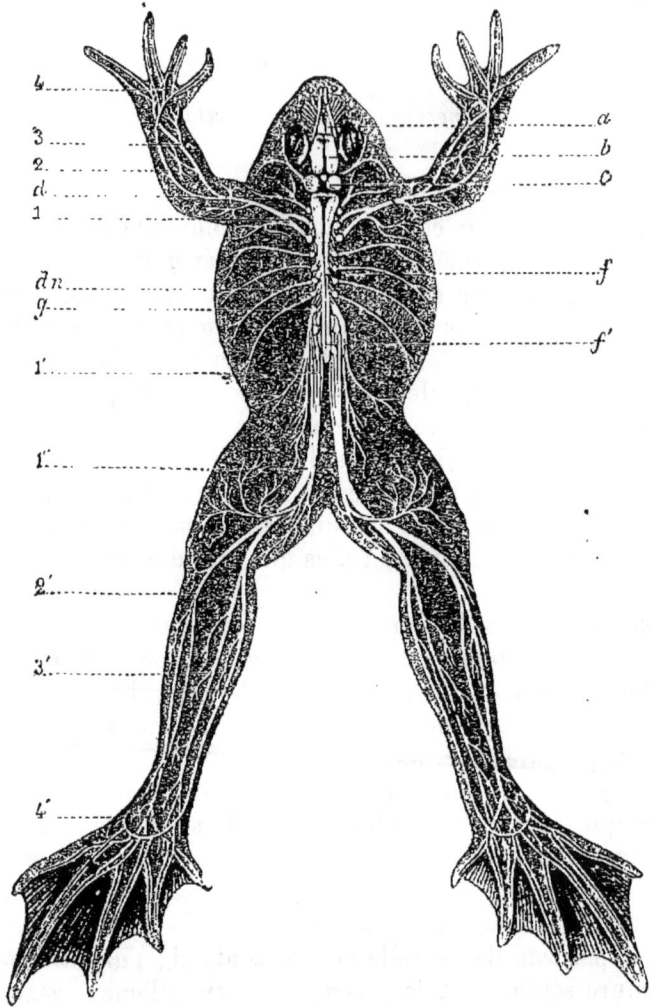

FIG. 69. — Système nerveux de la *Grenouille* (encéphale et nerfs de la vie de relation ; vus par la face dorsale).

a) lobes olfactifs ; — b) hémisphères cérébraux ; — c) tubercules jumeaux ou lobes optiques ; — c) cervelet ; — ff) moelle épinière ; — g) ganglions intervertébraux ; — 1 à 4) nerfs des membres antérieurs ; — 1') racines lombaires et sacrées des nerfs cruraux ; — 1') partie sciatique des nerfs cruraux ; — 2', 3', 4') distribution de ces nerfs dans les membres postérieurs.

Quant à la pulpe cérébrale, c'est une matière riche en principes albuminoïdes dans laquelle on distingue deux substances de couleur différente : la première, ou *substance blanche*, qui est située intérieurement et principalement formée de fibres nerveuses conductrices ; la seconde, qui prend le nom de *substance grise* et joue un rôle essentiellement actif dans les fonctions cérébrales.

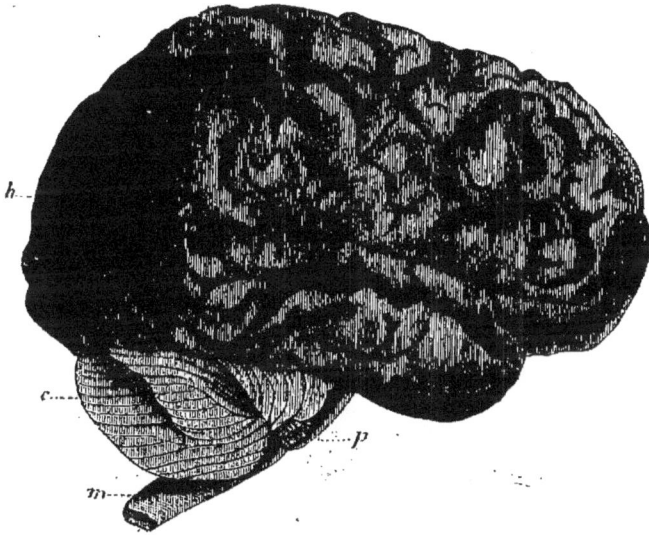

FIG. 70. — Cerveau humain ; vu de profil.

h) hémisphère droit ; — *p*) protubérance annulaire ou pont de Varole ; — *c*) cervelet ; — *m*) moelle.

Le cerveau de l'homme est surtout remarquable par le grand développement des parties dites hémisphères qui surplombent toutes les autres et présentent à leur surface un nombre considérable de replis souvent comparés, par les anatomistes, aux circonvolutions des intestins ; d'où leur nom de *circonvolutions cérébrales*.

Les animaux présentent aussi des hémisphères cérébraux qui peuvent avoir des circonvolutions multiples ; mais ils n'offrent jamais un pareil développement de ces

parties et leur cerveau est moins compliqué et moins parfait que celui de l'homme. Aussi est-il convenable de
recourir à l'examen des particularités qui distinguent cet
organe dans la série des vertébrés, si l'on veut bien comprendre la disposition des différentes masses composant le
cerveau humain. Son extrême complication, dans notre
espèce, est en rapport avec les fonctions à la fois si délicates et si importantes dont il est le siége.

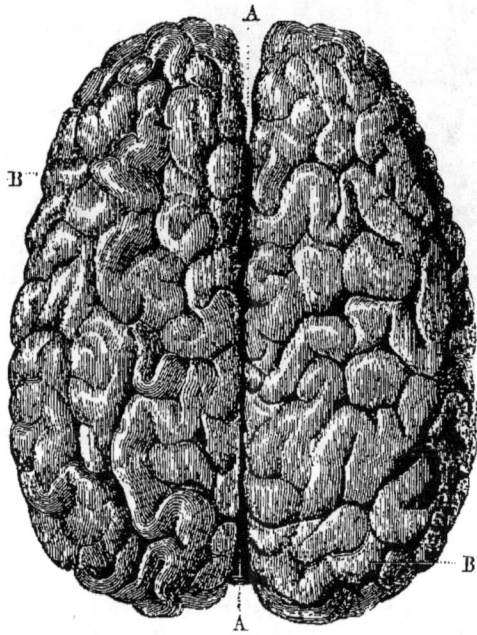

FIG. 71. — Cerveau humain; vu en dessus pour montrer l'étendue des hémisphères, *b b*, et la disposition de leurs circonvolutions. — *a a* est la scissure
médiane ou séparation des hémisphères droit et gauche.

Parmi les mammifères qui ont les hémisphères cérébraux pourvus de circonvolutions prononcées, on peut citer
la plupart des singes, les carnivores, les éléphants, les jumentés, presque tous les ruminants et les cétacés.

Les singes ont le cerveau établi sur le même type que celui de l'homme, mais lés hémisphères y sont toujours beaucoup moins volumineux. Cette différence est déjà sensible dans le cerveau de l'orang-outan [1], qui est cependant le plus intelligent de ces animaux. Elle devient considérable si l'on passe à l'examen des plus petites espèces de la même famille. Ainsi les ouistitis manquent complétement de circonvolutions et sous ce rapport leur cerveau vu en dessus ressemble à celui des rongeurs ; cependant les lobes olfactifs y restent grêles et continuent à être recouverts par les hémisphères.

Les mammifères qui n'ont pas de circonvolutions cérébrales sont d'ailleurs fort nombreux. On cite comme présentant cette particularité les chauves-souris, les insectivores, tous les rongeurs, sauf le grand cabiai, et beaucoup des marsupiaux. Le sarcophile ourson [2], stupide carnassier de la Nouvelle-Hollande qui appartient à cette dernière division, peut être pris à cause de la petitesse de ses hémisphères cérébraux pour exemple d'un mammifère purement instinctif.

Ce qui frappe tout d'abord dans le cerveau des animaux comparé à celui de l'homme, c'est donc le moindre développement des parties dont il vient d'être question sous la dénomination d'hémisphères, et leur faible développement est en rapport avec le degré toujours moindre de leur intelligence. Les hémisphères laissent alors à découvert des régions de l'encéphale qui restent trop rudimentaires dans le cerveau humain pour que l'on puisse bien juger de leur importance ou qui y sont cachées par ces hémisphères et comme dissimulées par le développement exagéré de ces derniers ; tels sont les lobes olfactifs et les lobes jumeaux.

En avant des hémisphères eux-mêmes ou au-dessous de leur partie antérieure s'il s'agit du cerveau humain se montrent les *lobes olfactifs*, réduits, dans notre espèce, à des prolongements grêles, appliqués sous la saillie anté-

---

1. *Zoologie, Notions préliminaires*, fig. 50.
2. *Ibid.*, fig. 51.

rieure de l'encéphale, ce qui les a fait décrire comme étant de simples nerfs, sous le nom de nerfs olfactifs; mais chez beaucoup de reptiles et de poissons ils sont au contraire aussi gros que les hémisphères qui les suivent, et il est certains mammifères qui les ont aussi fort développés. Les lobes olfactifs ne sont donc pas de véritables nerfs; ils constituent la première des divisions principales du cerveau.

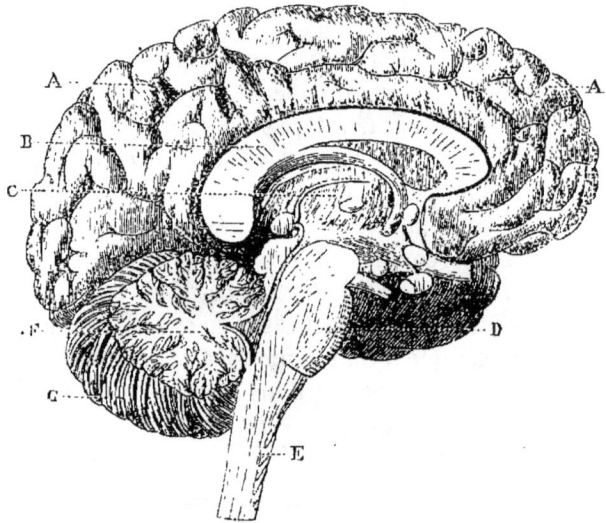

FIG. 72. — Le cerveau humain, coupé verticalement suivant la ligne médio-longitudinale.

a a) hémisphère gauche; — b) corps calleux; — c) couche optique; — d) protubérance annulaire; — e) moelle; — f) cervelet; arbre de vie; — g) lobe gauche du cervelet.

La seconde division de l'encéphale est constituée par les *hémisphères*, organes si volumineux dans l'espèce humaine, mais qui manquent souvent de circonvolutions dans les autres espèces de vertébrés ou n'y acquièrent qu'un faible développement. Les hémisphères sont séparés l'un de l'autre sur la ligne médiane par une lame descendante de la dure-mère qu'on nomme la *faux du cerveau*, et ce n'est que par leur base qu'ils se joignent l'un à l'autre. Leur commissure, c'est-à-dire leur moyen d'union, est en partie formée par une lame de fibres nerveuses blanches appelée *corps calleux* ou mésolobe.

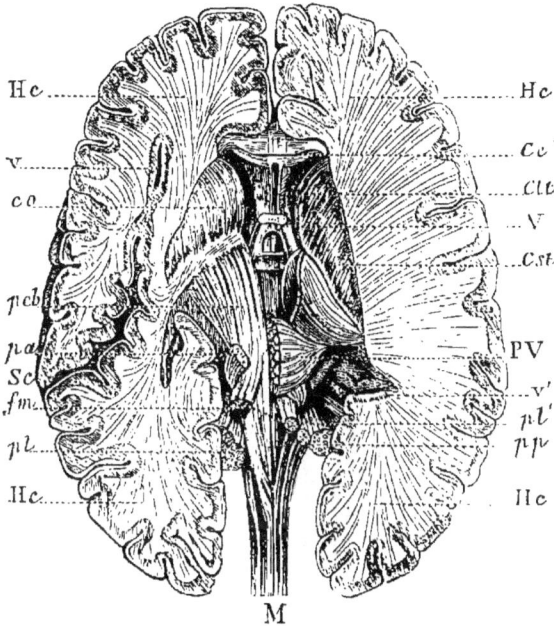

FIG. 73. — Coupe transversale du cerveau humain, vu en dessus.

H c, H c, H c, H c) hémisphères cérébraux, montrant les irradiations de la substance blanche vers la substance grise ou corticale ; — c c) portion anté- rieure du corps calleux ; — v) partie antérieure du ventricule latéral gauche ; — cl. t) cloison transparente ou septum lucidum ; — c o) couche optique gauche ; — v) voûte à trois piliers ; — c st) corps strié, droit ; — p c b) un des pédoncules du cerveau ; — p a) pédoncule antérieur du cervelet ; — p l, p l') pédoncule latéral du même ; — p. p) son pédoncule postérieur ; — sc) scissure de Sylvius divisant latéralement les hémisphères cérébraux ; — v') par- tie postérieure du ventricule droit, montrant l'ergot ; — f m) faisceau médul- laire moyen ; — M) moelle épinière.

Chacun des hémisphères est creusé intérieurement d'une cavité nommée *ventricule ;* les deux cavités, droite et gau- che de ces masses nerveuses, forment les *ventricules laté- raux.* Elles contiennent un liquide séreux dont l'accumu- lation en trop grande abondance occasionne l'hydrocéphalie

ou hydropisie du cerveau ; la cavité crânienne acquiert
alors un volume démesuré. Les hémisphères sont rattachés
au reste de l'encéphale par deux gros cordons nerveux dits
pédoncules cérébraux.

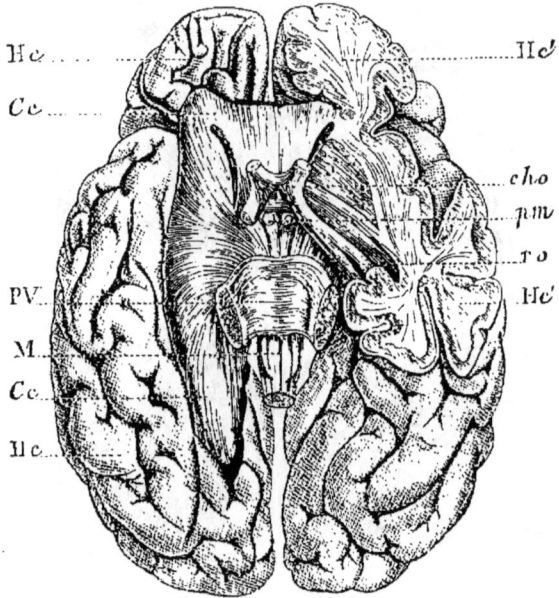

Fig. 74. — Cerveau humain ; vu en dessous et en partie coupé.

H c, H c) hémisphère cérébral droit ; — H c', H c') hémisphère gauche, coupé
dans ses parties antérieure et moyenne pour montrer les deux substances
cérébrales blanche et grise ; — c c, c c) corps calleux ; — ch) chiasma des
nerfs optiques ; — p m) protubérances mamillaires ; - r o) racines optiques
doubles ou corps genouillers ; — p r) protubérance annulaire, appelée aussi mésocéphale et pont de Varole ; — m) moelle allongée.

C'est encore à la même division du cerveau, c'est-à-dire
aux lobes généralement appelés hémisphères, du nom de
leur région la plus apparente, qu'on attribue la *voûte à
trois piliers,* le *septum lucidum* ou cloison transparente,
les *corps striés,* et d'autres parties dont la description ne
saurait nous arrêter. Leur ensemble forme une masse
assez considérable pour qu'on lui ait quelquefois, mais à

tort, réservé le nom de cerveau, qui appartient en réalité à l'encéphale tout entier.

La *glande pituitaire*, sorte de tubercule vasculo-nerveux, placé à la région inférieure de cette même partie du cerveau, a été considérée par quelques auteurs comme étant le point de jonction de l'encéphale avec la partie antérieure du grand sympathique.

La troisième division du cerveau a aussi pour éléments principaux une paire de lobes, et ces lobes sont les *lobes optiques* ou tubercules jumeaux. Dans l'homme et dans les mammifères, chacun d'eux est dédoublé, ce qui porte leur nombre à quatre disposés en deux paires et les a fait appeler quadrijumeaux. Ils sont au contraire simples pour chaque côté chez les vertébrés ovipares. Ceux de l'espèce humaine sont très-petits, comparativement au volume des hémisphères, et il en est ainsi dans beaucoup d'autres animaux appartenant de même à la classe des mammifères. Cependant il arrive, dans d'autres espèces, telles que les reptiles (fig. 77 *c*) et les poissons, que ces lobes soient à peu près égaux en dimensions aux hémisphères cérébraux.

Certaines espèces présentent, en avant des tubercules jumeaux, une saillie de cerveau à laquelle on donne le nom de *glande pinéale*; c'est ce petit organe que les physiologistes d'autrefois regardaient, on ne sait trop pourquoi, comme étant spécialement le siége de l'âme.

La quatrième division de l'encéphale est le *cervelet*, dont le développement approche souvent de celui des hémisphères, mais sans l'égaler, du moins dans la grande majorité des animaux supérieurs.

Le cervelet est formé de lamelles de substance blanche enveloppées de substance grise, ce qui donne à sa coupe une apparence d'arborisation particulière et a fait employer la dénomination d'*arbre à vie*, pour désigner cette disposition.

On distingue au cervelet des masses latérales et une masse médiane; celle-ci est appelée le *vermis*; elle est plus développée chez les vertébrés inférieurs que chez ceux des premières familles dont les masses cérébelleuses latérales sont, au contraire, volumineuses. Cet organe est séparé des hémisphères et des lobes optiques par une lamelle transversale de la dure-mère qui s'ossifie dans les espèces du genre chat; c'est la *tente du cervelet*, à laquelle aboutit la faux dont nous avons parlé précédemment. Le cervelet est lui-même comme à cheval, au moyen de ses *pédoncules*, sur la moelle cérébrale ou *bulbe rachidien*, et il existe derrière lui, mais à la face supérieure du bulbe, un écartement des fibres de ce dernier qui constitue une sorte de ventricule; cette rainure est le *calamus scriptorius* ou quatrième ventricule [1].

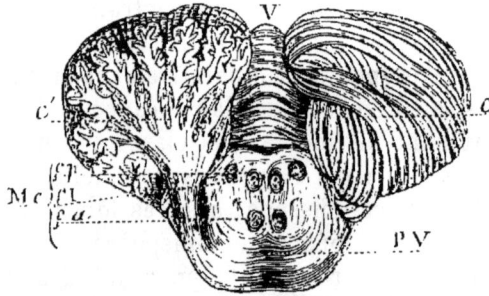

FIG. 75. — Cervelet humain et coupe du pont de Varole.

v) vermis ou partie moyenne du cervelet; — c c') lobes latéraux du cervelet; l'un d'eux, c', a été coupé pour montrer l'arbre de vie, produit par les irradiations de la substance blanche du faisceau médullaire latéral au milieu de la substance grise du cervelet; — P v) la protubérance annulaire ou pont de Varole; — M c) prolongement des faisceaux de la moelle à travers la protubérance; — f a) passage des faisceaux antérieurs; — f l) passage des faisceaux latéraux; — f p) passage des faisceaux postérieurs.

La *protubérance annulaire*, aussi appelé mésocéphale, ou pont de Varole, fournit aux moitiés droite et gauche du cervelet une sorte de commissure qui diffère de celle des hémisphères, constituée par le corps calleux, en ce qu'elle est placée au-dessous du bulbe rachidien et qu'elle l'en-

1. Un troisième ventricule se continue au-dessous des lobes jumeaux et sert de moyen de communication entre le *calamus scriptorius* et les ventricules latéraux.

toure comme d'un anneau. C'est à travers cette protubérance que passent les faisceaux de la moelle avant de se
rendre aux hémisphères qu'ils concourent à former après
leur épanouissement flabelliforme, c'est-à-dire comparable
à un éventail dans cette partie du cerveau.

Envisagé dans la série des animaux, l'encéphale présente
de grandes différences soit dans son volume, soit dans la
disposition de ses parties; ces différences sont, les unes et
les autres, en rapport avec les instincts de ces animaux,
leurs aptitudes intellectuelles, et d'autres particularités de
leur genre de vie. On en a tiré, en ce qui concerne les
mammifères, des caractères très-importants qui ont été
utilisés dans la classification, mais le but physiologique
de toutes ces dispositions n'est encore que très-imparfai-
tement connu.

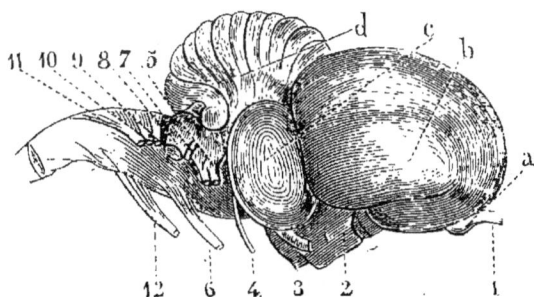

Fig. 76. — Cerveau du *Dindon*; vu de profil.

a) lobes olfactifs ou nerfs de la première paire; — *b*) hémisphères cérébraux
— *c*) tubercules jumeaux; — *d*) cervelet.

1-12) les paires nerveuses du cerveau classées suivant le système qui admet
douze paires de ces nerfs au lieu de huit. 1 à 6 comme dans l'explication de la
figure 83; — 7) la partie dure de la septième paire conservant seule le nom
de septième paire; — 8) la partie molle de la même paire ou huitième paire
(nerf acoustique); — 9) le grand hypoglosse qui devient la neuvième paire; —
10) nerf glossopharyngien ou dixième paire; — 11) nerfs pneumogastriques ou
onzième paire; — 12) nerfs spinaux ou accessoires de Willis (douzième paire).

Les oiseaux (fig. 76)[1] et les reptiles (fig. 77) sont infé-

1. Pour le cerveau du Dindon, vu en dessus, consulter : *Zoologie, No-*
tions préliminaires, fig. 52.

rieurs aux mammifères par la disposition de leur encéphale ; ils ont aussi les facultés intellectuelles moins développées. On constate qu'il en est de même des poissons, si l'on vient à les comparer aux oiseaux ou aux reptiles.

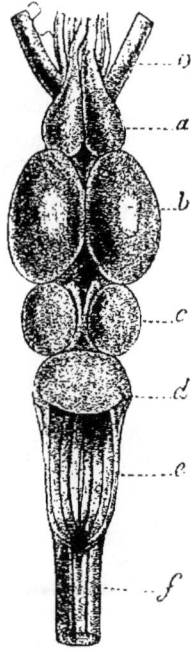

FIG. 77. — Cerveau d'une Tortue de genre *chélonée.*

a) lobes olfactifs ; — b) hémisphères cérébraux ; — c) lobes optiques ou tubercules jumeaux ; — d) cervelet ; — e) *calamus scriptorius* ; — f) commencement de la moelle épinière ; — o) nerf optique.

Beaucoup de poissons ont même les hémisphères cérébraux moins volumineux que les lobes optiques, ce qui est en rapport avec les instincts plus bornés de ces animaux ; les raies ont, au contraire, les hémisphères notablement plus développés, et il en est de même d'un certain nombre d'autres plagiostomes.

L'intensité de l'action cérébrale est donc proportionnée au développement des masses nerveuses qui constituent le cerveau, plus particulièrement à celui des hémisphères ; il en est également ainsi pour chacune des parties de cet organe prise séparément. Chez les animaux les plus intelligents, ce sont les hémisphères, spécialement la partie antérieure de ces organes, qui acquièrent un développement prépondérant.

Le branchiostome (fig. 78) est de tous les vertébrés celui dont le cerveau acquiert le moins de développement.

Les lobes olfactifs paraissent être spécialement en rapport avec la faculté olfactive ; les hémisphères, lobes formant la seconde paire de masses cérébrales, sont plus particulièrement le siége des facultés intellectuelles ; les lobes jumeaux, placés au troisième rang, sont affectés à la vision et servent sans doute aussi aux facultés instinctives ; enfin le cervelet, ou qua-

trième masse cérébrale, paraît avoir pour fonction principale de coordonner les mouvements volontaires.

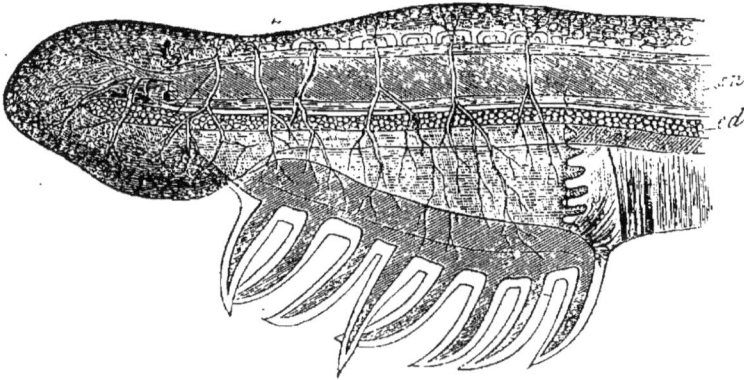

FIG. 78. — Tête du *Branchiostome*, dont on voit les organes
par transparence.

s n) système nerveux encéphalo-rachidien et nerfs qui en partent; — *c d*
corde dorsale, première forme de l'axe vertébral; — les tentacules buccaux
constituent huit paires de denticules ou franges placées à la partie inférieure de
la tête, autour de la bouche.

Quelques auteurs voulant rendre compte de la manière
dont fonctionne l'ensemble du système nerveux de la vie
de relation, c'est-à-dire le système cérébro-spinal et les
nerfs soit sensibles soit moteurs qui en dépendent, l'ont
comparé à un appareil de télégraphie électrique dont les
nerfs et les prolongements des fibres nerveuses dans la substance blanche encéphalo-rachidienne constitueraient un
double système de fils conducteurs, l'un centripète et l'autre centrifuge.

Dans cette comparaison les deux bureaux, l'un d'arrivée
ou de réception des sensations, l'autre de départ ou d'émis-
sion d'ordres purement instinctifs ou volontaires, auraient
pour siége principal le premier les couches optiques qui
sont une des parties fondamentales du cerveau, et, le second, les corps striés, autre partie non moins importante
du même organe que nous avons déjà signalée.

Aux couches optiques, appareil supposé de réception,

aboutissent, en effet, directement ou par l'intermédiaire d'autres parties encéphalo-rachidiennes auxquelles se rendent les nerfs de sensibilité, une grande partie des fibrilles nerveuses afférentes ou centripètes douées de sensibilité qui viennent de tous les organes. Ce récepteur central est mis en rapport avec la couche extérieure des hémisphères, c'est-à-dire avec la substance grise du cerveau par une continuation des mêmes fibres afférentes qui transmettent immédiatement à cette substance, instrument spécialement affecté aux opérations réflectives et volontaires, l'ensemble des sensations perçues dans tous les points du corps. Ces sortes de dépêches y sont pour ainsi dire reçues et appréciées, et aussitôt, par le moyen d'une véritable excitation nerveuse, des ordres sont réexpédiés aux différents organes par une autre catégorie de fibrilles dépendant également du système nerveux. Ce sont les fibrilles efférentes ou centrifuges, centralisées en grande partie comme dans un bureau de départ dans une partie également distincte du cerveau à laquelle on donne le nom de corps striés.

Si les sensations tactiles sont portées au cerveau par le premier système de fibres dont nous venons de parler, les ordres de mouvement sont à leur tour transmis aux différents organes par celles du second ordre. Une étude attentive des nerfs provenant des racines sensibles et de ceux qui ont leur origine dans les racines motrices rendra plus facile à comprendre cette comparaison, dont l'unique prétention est d'ailleurs de donner une idée élémentaire des rapports que les centres nerveux, particulièrement le cerveau, ont avec les différents points du corps qui sont le siége des sensations ou sont soumis à l'action de la volonté.

Moelle épinière. — La continuation du bulbe rachidien, dans l'intérieur du canal de ce nom, est la moelle épinière. C'est une sorte de gros cordon nerveux, enveloppé de membranes analogues aux méninges cérébrales et donnant, comme le cerveau, naissance à différents nerfs. Il y a pourtant cette différence entre l'encéphale et la moelle

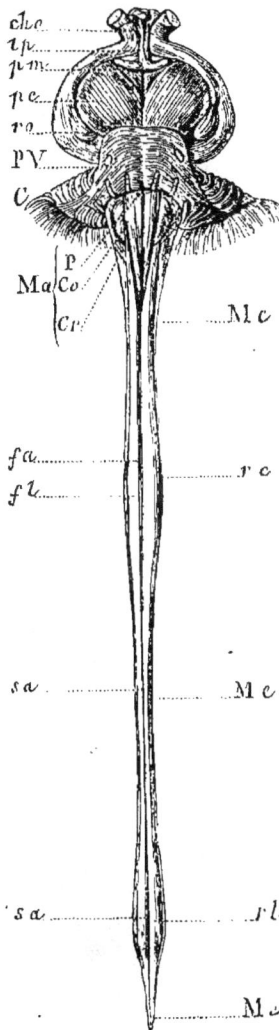

Fig. 79. — Partie centrale du cerveau et moelle épinière; vues en dessous; —
ch o) chiasma des nerfs optiques; — pc) pédoncules du cerveau; — ro) racines
optiques; — pv) pont de Varole; — c) portion du cervelet; — ma) moelle allongée, montrant : p) les pyramides; — co) les corps olivaires; — cr) les corps
restiformes; — me, me, me) les trois rétrécissements principaux de la moelle
épinière; — rc) le renflement cervical; — rl) le renflement lombaire; —
fa) faisceau antérieur de la moelle; — fl) faisceau latéral droit ou moyen (le
faisceau postérieur ne se voit pas sur cette figure); — sa, sa) sillon antérieur.

épinière que cette dernière ne présente sur son trajet aucun renflement comparable aux quatre paires de lobes qui constituent les parties essentielles du cerveau, c'est-à-dire les centres nerveux destinés à la perception des sensations, à la volonté et à la coordination des mouvements.

La moelle épinière n'existe que chez les animaux vertébrés. Elle descend le long du dos entre les apophyses épineuses des vertèbres et le corps ou centre des mêmes os, et trouve dans cette partie du squelette une protection analogue à celle que le crâne fournit lui-même au cerveau. L'étui osseux qui l'enveloppe est le canal rachidien (fig. 70) formé par la succession des vertèbres.

Dans la moelle épinière, les substances médullaires grise et blanche ne sont pas dans les mêmes relations qu'aux hémisphères. Ici la substance blanche est extérieure, et la grise intérieure. Cette dernière forme aussi en grande partie le moyen de jonction destiné à relier les deux moitiés droite et gauche de cet important organe. La commissure blanche de la moelle épinière est bien plus mince que la grise; elle est placée au-dessous d'elle.

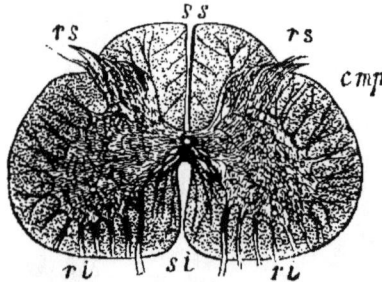

FIG. 80. — Coupe de la moelle épinière de l'homme.

s s) sillon supérieur (postérieur chez l'homme); — rs, rs) racines supérieures des nerfs ou racines sensibles (postérieures chez l'homme); — c m p) cordon médullaire postérieur; — r i, r i) racines inférieures des nerfs ou racines motrices (antérieures chez l'homme); — s i) sillon inférieur.

La moelle épinière des animaux ne va pas toujours jusqu'aux dernières vertèbres. Celle de l'homme s'arrête au commencement de la région lombaire pour se continuer par les nerfs destinés au bassin et aux jambes; nerfs dont l'ensemble, envisagé dans sa partie comprise dans le canal rachidien, constitue ce que l'on appelle la *queue de cheval*. Elle est plus courte dans certains animaux que dans d'autres; ainsi dans le poisson-lune, qui vit dans nos mers, la moelle surpasse à peine le cerveau en longueur.

La moelle épinière, quoique de nature médullaire, n'est point formée d'une masse unique et homogène. On y distingue plusieurs faisceaux qu'une dissection minutieuse permet de séparer les uns des autres. Ces faisceaux sont déjà distincts dans la moelle allongée ou moelle épinière cérébrale; on les voit même passer séparément à travers la protu-

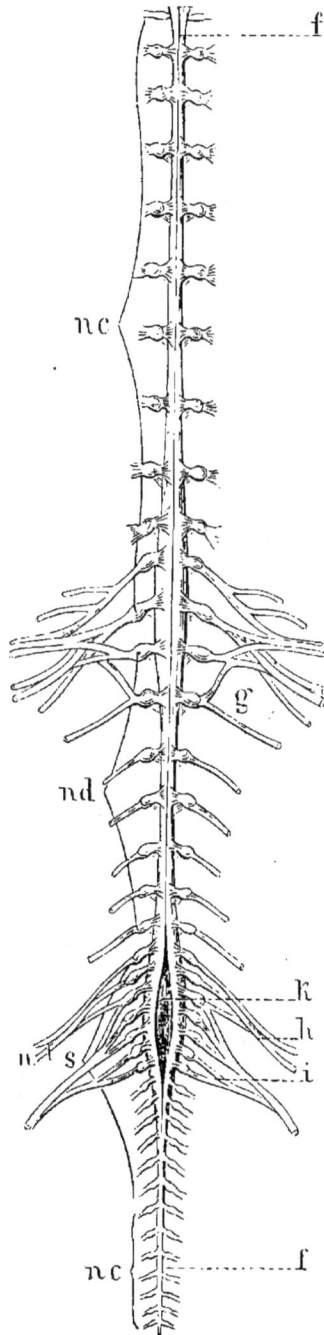

Fig. 81. — Système nerveux rachidien du *Pigeon*.

(f) moelle épinière; — *nc)* nerfs cervicaux fournis par la moelle; — *nd)* nerfs dorsaux; — *nls,* nerfs lombaires et sacrés; — *nc)* nerfs coccygiens; — *g)* plexus brachial formé par une partie des nerfs cervicaux inférieurs et dorso-supérieurs; — *h)* plexus lombaire; — *i)* plexus sacré; — *k)* ventricule lombaire.

bérance annulaire (fig. 75); ils sont au nombre de six. En deçà, il s'établit entre eux un entrecroisement partiel, d'où il résulte qu'une grande portion de la substance médullaire des faisceaux droits du bulbe rachidien va du côté gauche de la moelle, et réciproquement. La conséquence de cette disposition croisée est que l'action de chaque moitié du cerveau porte principalement sur le côté du corps opposé à celui auquel cette moitié appartient.

Les différents faisceaux dont la moelle est composée ne sont pas tellement unis entre eux, qu'on ne remarque à la surface de cet organe des traces capables de faire soupçonner leur existence. Ainsi la moelle est séparée profondément en dessus et en dessous, dans toute sa longueur, par un sillon médian. Le *calamus scriptorius*, ouvert sous le cervelet, n'est que la continuation élargie de son sillon postérieur au point où s'opère sa jonction avec le cerveau. Il y a en outre deux paires de sillons médullaires latéraux; on les distingue, pour chaque côté, en sillon latéro-supérieur et sillon latéro-inférieur. Entre eux est le faisceau latéral ou moyen de la moelle.

Des trois paires de faisceaux médullaires, que l'on reconnaît à la moelle rachidienne, la postérieure est particulièrement affectée aux fonctions de la sensibilité, et l'antérieure à celles du mouvement. Des expériences mettent hors de doute ce fait, qui est d'ailleurs démontré par les conséquences de certaines lésions, détruisant la sensibilité si elles portent sur les faisceaux postérieurs et la locomotilité si ce sont les faisceaux antérieurs qui ont été atteints.

La moelle donne insertion, sur son trajet, aux nerfs qui se rendent aux différentes parties du corps (fig. 69 et 81); elle est plus renflée aux points qui correspondent à l'origine des nerfs allant aux membres, ce qui constitue ses renflements brachial et lombaire. Ces nerfs ont leurs *racines* entre les faisceaux postérieur et moyen (racines postérieures) ou entre les faisceaux moyen et antérieur (racines antérieures), ce qui détermine le caractère sensible ou moteur des filets contitués par chacun de ces deux ordres de racines. Les nerfs mixtes, c'est-à-dire à la fois sensibles et moteurs, sont ceux qu'elles concourent les unes et les autres à former.

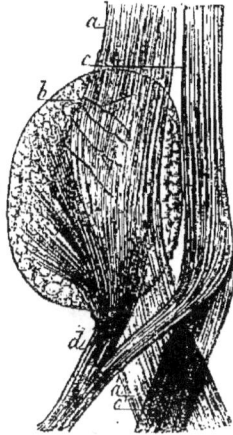

FIG. 82. — Un des ganglions intervertébraux du système nerveux rachidien.

a a') racine supérieure sensible, établissant la jonction du nerf avec la moelle épinière; — b) corpuscules nerveux du renflement ganglionnaire qu'elle traverse; — c c') racine inférieure ou motrice de la même paire nerveuse; — d) branche mixte réunissant une partie des racines sensibles et une partie des racines motrices.

Certains animaux, les oiseaux en particulier, ont le sillon postérieur de la moelle dilaté en manière de ventricule au niveau du renflement lombaire; c'est ce qui constitue leur ventricule lombaire (fig. 81 k).

Nerfs de la vie de relation. — Ces nerfs sont composés d'une substance intérieure conductrice de l'agent nerveux et d'une enveloppe extérieure appelée *névrilemme*. Leur substance intérieure est une pulpe renfermant une sorte d'axe filamenteux dite fibre d'axe, qui sert de conducteur à l'influx nerveux. Ils sont de trois sortes :

1° Ceux qui sont affectés à la sensibilité spéciale (nerfs olfactifs, optiques et auditifs) et qui ont une structure particulière;

2° Ceux de la sensibilité générale ;

3° Ceux dont la fonction est d'exciter les mouvements musculaires.

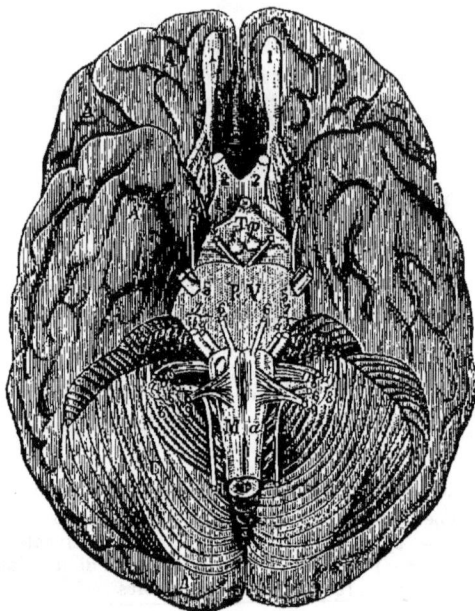

FIG 83. — Cerveau humain, vu en dessous, et insertion des nerfs cérébraux.

A, A) hémisphères cérébraux; — c) cervelet; — T P) tige pituitaire; — P V) protubérance annulaire ou pont de Varole; — M a) moelle allongée.

Les paires nerveuses cérébrales; division en neuf paires.

1) *nerfs olfactifs*, qu'il faut considérer comme un des ganglions du cerveau et non comme une simple paire nerveuse; — 2) *nerfs optiques*; — 3) *nerfs moteurs oculaires communs*, allant aux enveloppes de l'œil ainsi qu'à ses muscles; — 4) *nerfs pathétiques*, allant aux yeux et à leur muscle grand oblique; — 5) *nerfs trijumeaux*, affectés à la sensibilité générale de la tête; — 6) *nerfs oculo-moteurs externes*; — 7) septième paire divisée en partie dure ou *moteurs faciaux* et en partie molle ou *nerfs acoustiques*; — 8) nerfs *grands hypoglosses*, servant aux mouvements de la langue; huitième paire; — 9) neuvième paire, divisée en *glossopharyngiens*, *pneumogastriques*, allant aux viscères nutritifs, et *spinaux*, accessoires des précédents.

Envisagés sous le rapport de leur insertion au système encéphalo-rachidien, les nerfs, quelle que soit leur action physiologique, se partagent en paires successives qui répondent, sauf ceux de la tête, aux divers segments osseux dont le squelette est formé, c'est-à-dire aux ostéodesmes (fig. 69, 76, 81 et 83).

Quoique le cerveau ne comprenne que quatre lobes nerveux distincts les uns des autres, qu'il n'y ait à la tête que quatre organes des sens et que les vertèbres crâniennes ne paraissent être également qu'au nombre de quatre, les anatomistes y reconnaissent tantôt neuf paires de nerfs, tantôt douze (fig. 76 et 83); mais il est facile de voir que cette nomenclature devrait être réformée.

Nerfs spinaux ou rachidiens. — Les nerfs dont il vient d'être question sous le nom de nerfs crâniens sont ceux qui sortent du cerveau ou du bulbe rachidien en passant, avant de se rendre à leur destination, par quelque perforation du crâne. Les nerfs rachidiens (fig. 69 et 81) naissent de la moelle postérieurement à sa partie cérébrale, dite moelle allongée, et ils présentent en outre le caractère de sortir du canal rachidien par des orifices ménagés au point de jonction des vertèbres les unes avec les autres; ces orifices sont les *trous de conjugaison*. Quelques espèces, comme le tapir, le bœuf, etc., ont ces trous non plus intermédiaires à deux vertèbres successives, mais percés dans la substance même des corps vertébraux, sur les côtés.

Le nombre des nerfs rachidiens varie avec celui des vertèbres. Dans l'homme on en compte 31 paires, savoir : 8 cervicales, dont la première passe entre l'occipital et l'atlas, 12 dorsales, 5 lombaires et 6 sacrées.

Chacune d'elles s'insère à la moelle par deux ordres de *racines*, dont les unes sont dites postérieures (supérieures chez les animaux) et les autres antérieures ou inférieures. A leur point de jonction, qui est voisin des trous de conjugaison, les racines nerveuses se réunissent pour former les nerfs droits ou gauches de chacune des paires auxquelles elles appartiennent; et elles sont toujours accompagnées à cet endroit d'un *ganglion nerveux* (fig. 82), que traversent particulièrement les filets sensitifs de chaque paire, fournis eux-mêmes par les racines supérieures. Au delà des ganglions intervertébraux s'opère, ainsi que nous l'avons déjà indiqué, la séparation des nerfs en leurs rameaux secondaires, destinés les uns à porter la sensibilité aux organes, les autres à leur donner le mouvement.

Il est bon de rappeler que les nerfs de certaines paires s'associent entre eux pour un même côté du corps ou échangent des fibres, ce qui constitue les *plexus*. Il y a un plexus cervical, un plexus brachial, un plexus lombaire et un plexus sacré. Le plexus brachial résulte, chez l'homme, de l'anastomose de nerfs appartenant aux cinquième, sixième, septième, huitième et neuvième paires rachidiennes. Les nerfs qui en émanent ont reçu les noms de musculo-cutané, médian, cutané interne, cubital et radial; ils vont aux bras.

Les nerfs de la vie de relation, ceux de la tête, comme ceux du reste du corps, ne sont pas uniquement chargés de donner la sensibilité aux organes auxquels ils se rendent; ils sont aussi les ordonnateurs de la contraction musculaire, et bien qu'il soit difficile, dans certains cas, de reconnaître leur qualité sensible ou motrice, surtout lorsqu'ils réunissent des filets nerveux de ces deux ordres, on est fixé dès à présent sur la véritable nature de beaucoup d'entre eux. Ils sont en général sensibles ou moteurs. C'est un physiologiste anglais, Charles Bell, qui a mis les savants sur la voie de cette importante découverte dont l'honneur revient en grande partie à Magendie, médecin célèbre qui professait au Collége de France et dont les expériences faites sur des animaux vivants ont beaucoup contribué aux progrès de la physiologie.

Des observations avaient conduit Charles Bell à penser que deux des principales paires nerveuses de la face, la cinquième paire et la portion dure de la septième, sont l'une essentiellement motrice, l'autre essentiellement sensible. Les expériences de vivisection ont mis ce fait hors de doute, et Magendie a entrepris de semblables recherches au sujet des nerfs rachidiens. Il a constaté que la section des racines supérieures d'une ou de plusieurs paires nerveuses d'un même côté fait perdre la sensibilité aux parties auxquelles ces paires envoient des nerfs, et que c'est, au contraire, la contractilité musculaire qui est abolie, si l'on coupe les racines inférieures. De la sorte on put anéantir la sensibilité sur l'un des côtés d'un animal, en coupant les racines supérieures de ses nerfs rachidiens, et anéantir de l'autre côté la locomotilité par la section des racines inférieures des nerfs correspondants. Divers auteurs, parmi lesquels nous citerons MM. Longet et J. Muller ont répété ces expériences en les variant de plusieurs manières et l'observation attentive des faits pathologiques a conduit à des résultats identiques. Toutefois on sait aujourd'hui que quelques filets sensibles se mêlent aux racines essentiellement motrices ou inférieures (racines antérieures chez l'homme) et quelques filets moteurs aux racines supérieures (racines postérieures chez l'homme).

Les racines motrices d'un nerf étant coupées, on peut suppléer momentanément à l'incitation nerveuse qu'il produisait dans les muscles, au moyen de l'électricité, à la condition de faire passer le courant par la partie périphérique du nerf coupé. Ce moyen est souvent mis en usage pour distinguer les nerfs moteurs de ceux qui sont, au contraire, affectés à la sensibilité. On comprend en effet que si le nerf sur lequel on expérimente est d'ordre moteur, l'électricité appliquée à sa portion détachée par la section aura pour effet de faire contracter spasmodiquement les muscles auxquels ce nerf se rend, et que s'il est sensible l'animal percevra de la douleur si c'est le bout resté en communication avec la moelle que l'on électrise.

La ligature des nerfs et celle des vaisseaux, l'emploi de substances toxiques appliquées sur le trajet des nerfs ou injectées dans les artères ont aussi permis d'acquérir une notion plus exacte du mode d'action des différents nerfs.

II

Système nerveux de la vie organique.

Nous n'avons qu'un sentiment vague des phénomènes purement nutritifs qui se passent en nous; encore ce sentiment est-il en grande partie transmis à nos centres de sensibilité par des nerfs appartenant au système de relation, tels que les nerfs pneumogastriques, qui naissent du bulbe rachidien, et le phrénique, appelé aussi diaphragmatique parce qu'il se rend au diaphragme. Le nerf phrénique naît de la région cervicale par des filets provenant des nerfs de la moelle; ses filets secondaires se mêlent également à ceux du grand sympathique dont nous allons maintenant parler et il en est ainsi de beaucoup d'autres.

Toutefois, si les actes physiologiques desquels résultent les principaux phénomènes digestifs, respiratoires et circulatoires, ne sont pas du nombre de ceux sur lesquels la volonté agit, ils ne sont pas pour cela entièrement soustraits à l'action du système nerveux. Un ensemble de ganglions et des nerfs différents de ceux qui président aux phénomènes de la vie de relation les régit; c'est le *système nerveux du grand sympathique* ou système nerveux de la vie organique. Il préside à des phénomènes aussi importants que nombreux, mais dont nous n'avons pas conscience. Il opère de telle sorte que les fonctions qu'il dirige s'accomplissent à notre insu, sans perdre pour cela la régularité qui leur est nécessaire. Toutes les fibres musculaires non striées ou fibres lisses sont sous sa dépendance et il agit par elles sur le canal intestinal, sur le foie, sur la rate, etc., aussi bien que sur les vaisseaux, dont la tunique moyenne ou contractile est formée de semblables fibres. Les mouvements de la pupille et une partie de ceux de la peau sont aussi sous sa dépendance et c'est par l'intervention de filets nerveux très-déliés provenant de ce sympathique que s'opèrent les contractions dartoïques desquelles résulte le phénomène vulgairement appelé *chair de poule*.

Quels que soit la manière dont elles s'exécutent, et le point du corps qui en est le siége, les fonctions de nutrition sont partout soumises à l'influence du grand sympathique.

Le système nerveux sympathique résulte, comme celui de la vie de relation, de deux ordres de parties : 1º des centres nerveux, dont l'importance est loin d'égaler celle des centres nerveux encéphalo-rachidiens ; 2º des cordons servant de moyens de communication entre ces différents centres et les organes qu'ils animent; ces cordons sont des nerfs dont l'apparence rappelle celle des nerfs affectés à la vie de relation; leurs ramifications secondaires sont innombrables, et leur intervention est générale.

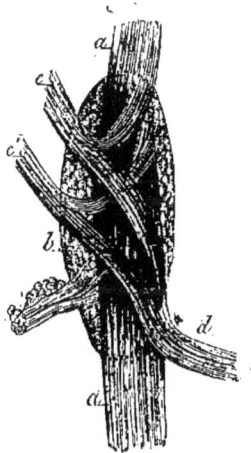

FIG. 84. — Un des ganglions thoraciques du grand sympathique.

a a') tronc du grand sympathique ; — *b*) corpuscules nerveux du ganglion ; — *c c'*) communication du grand sympathique avec les nerfs rachidiens ; — *d*) nerf renfermant des filets du sympathique et des filets du système rachidien, allant aux viscères digestifs.

Les ganglions du sympathique (fig. 84) sont autant de sources d'activité nerveuse et les nerfs de ce système sont

destinés à les mettre en communication avec les organes
pour en diriger les actes purement automatiques; c'est pourquoi les centres nerveux du grand sympathique sont logés
dans les arcs infra-vertébraux ou hémapophyses qui renferment aussi les viscères de la nutrition.

Sous ce rapport le système sympathique est dans une
sorte d'antagonisme avec les centres nerveux de la vie de
relation (système encéphalo-rachidien) qui occupent au contraire l'intérieur des arcs supra-vertébraux dont nous avons
parlé sous le nom de neurapophyses; mais partout ces nerfs
s'associent à ceux issus de ce dernier pour assurer les phénomènes purement nutritifs, même ceux que nécessitent
la sensibilité et la locomotion volontaire dues aux nerfs de
la vie animale.

Les centres nerveux de la vie purement organique sont
multiples; ils forment latéralement, à la face inférieure des
corps vertébraux, une double série de ganglions dont quelques-uns seulement, ceux du cou par exemple, se réunissent plusieurs ensemble pour former de véritables plexus.
Ils sont de petite dimension et reliés entre eux pour chaque
côté par une série correspondante de filets. Il en part du
reste d'autres filets secondaires allant aux parties voisines
et ils envoient en même temps des nerfs aux différents
viscères.

Dans certaines régions les nerfs sympathiques s'épanouissent en renflements de forme très-irrégulière, sortes
de ganglions supplémentaires auxquels on donne le nom
de *plexus du grand sympathique;* ils se mêlent en partie à
divers plexus de la vie de relation qui dépendent en général des nerfs pneumo-gastriques.

Les principaux plexus du grand sympathique sont :

1° Le *plexus coronaire,* destiné au cœur et auquel aboutissent les nerfs cardiaques provenant des ganglions cervicaux du sympathique;

2° Les *plexus solaire* et *semilunaire,* situés au-dessous
du diaphragme et destinés, eux ou leurs dépendances, à
l'estomac ainsi qu'à d'autres parties du système digestif

abdominal et à quelques organes également situés dans l'abdomen, tels que le foie, la rate et les reins.

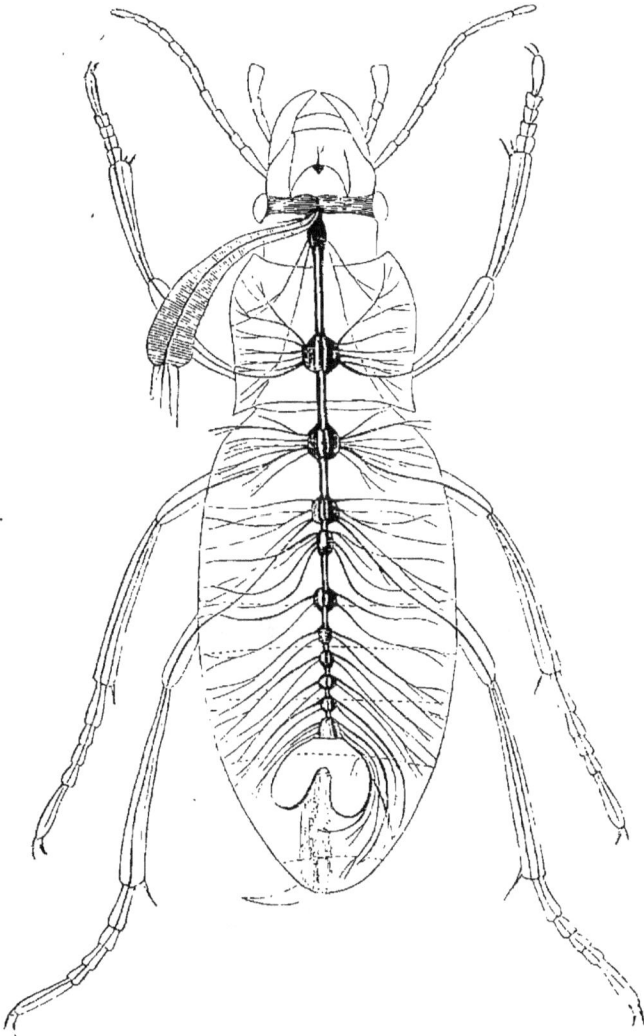

FIG. 85. — Système nerveux du *Carabe*.

Animaux sans vertèbres. — Ces animaux ne sont pas

privés de système nerveux, mais ils manquent toujours de moelle épinière[1].

Les articulés sont caractérisés par la présence d'une chaîne nerveuse sous-intestinale, dont les ganglions sont tantôt séparés les uns des autres, tantôt réunis plusieurs ensemble en une même masse. Ces deux modes de disposition s'observent également chez les insectes (fig. 85) et chez les crustacés.

Les mollusques n'ont, à part le collier œsophagien et ses ganglions cérébraux[2], que quelques masses nerveuses irrégulièrement distribuées dans le corps et placées auprès des principaux organes.

Chez les radiaires les centres nerveux sont peu apparents; ils sont aussi réduits que le comporte l'infériorité de la structure anatomique de ces animaux. On n'y reconnaît que quelques ganglions en même nombre que les divisions du corps, rangés régulièrement autour de la bouche et fournissant les filets nerveux qui vont aux organes.

On admet généralement que les animaux sans vertèbres n'ont point de grand sympathique.

1. *Zoologie, Notions préliminaires*, fig. 114 et 124.
2. *Ibid.*, fig. 129, 132 et 147.

CHAPITRE X.

DE LA PEAU.

La peau, ou enveloppe extérieure des animaux, est une membrane dont tout leur corps est entouré et qui se moule si exactement sur ses différentes parties, qu'elle semble en déterminer la forme. Les fonctions qu'elle remplit sont aussi variées qu'utiles à l'économie. Indépendamment de l'abri qu'elle donne à l'organisme entier, en le limitant par rapport au monde extérieur, la peau concourt à le mettre en communication avec ce dernier. C'est par elle que sont versées au dehors la sueur et les sécrétions odorantes; elle est le siége d'une respiration qui, pour être rudimentaire, comparativement à celle accomplie dans les poumons ou les branchies, n'est pas moins indispensable au bon équilibre des fonctions[1]. C'est aussi par la membrane cutanée que l'homme et les animaux perçoivent, en grande partie, les sensations qui leur font connaître leurs relations avec le monde ambiant; elle est plus particulièrement l'organe du toucher.

La peau est mise en communication avec les membranes muqueuses par divers orifices naturels, dont le principal est la bouche; elle présente, indépendamment de parties glandulaires servant à la sécrétion, des organes protecteurs,

1. C'est là une des raisons pour lesquelles l'activité de la peau est si importante pour le maintien de la santé.

de l'ordre de ceux que nous avons appelés bulbes ou phanères, parmi lesquels rentrent les poils des mammifères,
les plumes des oiseaux et les écailles des poissons.

Nous devons donc l'envisager sous le triple rapport : 1° de
sa structure intime ; 2° de ses moyens de sécrétion ; 3° de ses
téguments ou organes accessoires. Cela nous permettra de
comprendre comment elle sert aux fonctions de relation.

FIG. 86. — Structure de la peau.

a) épiderme superficiel ou corné ; — *b*) partie profonde de l'épiderme ; —
c) derme ; — *c'*) vacuoles de sa partie profonde ; — *d*) couche musculaire formant le peaucier ; — *e, e'*) deux glandules sudoripares ; — *f*) follicule pileux e
glandules sébacées.

Structure de la peau. —La membrane cutanée se compose de plusieurs couches superposées que l'on peut ramener à trois principales, savoir : l'*épiderme* ou surpeau,
comprenant aussi le corps pigmentaire, qui est la partie
protectrice de la peau ; le *derme* ou cuir, constituant sa partie principale, et la couche musculaire ou le *peaucier*. Des
nerfs se rendent à cette membrane ainsi que des vaisseaux.
Les premiers sont principalement destinés à lui donner la
sensibilité, et à en exciter les mouvements volontaires ; ils

sont fournis par le système encéphalo-rachidien. Les seconds, chargés de sa nutrition, versent à travers ses propres parois ou dans les glandes qu'elle renferme les matériaux de la sueur et les sécrétions odorantes; ils sont soumis à l'influence des filets nerveux très-déliés provenant du grand sympathique.

Épiderme. — C'est une couche insensible, constamment dépourvue de vaisseaux et par conséquent sans nerfs, qui est formée de cellules aplaties, la plupart desséchées et de nature cornée, constituant à la surface de la peau une sorte de vernis destiné à l'isoler des corps extérieurs. La couche profonde de l'épiderme est seule en voie de formation, mais ses lamelles superficielles se détachent de temps en temps par une véritable mue. Chez les serpents, on voit tout l'épiderme ancien se séparer d'une seule

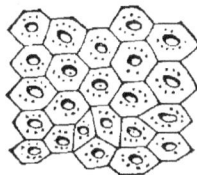

FIG. 87. — Cellules épidermiques, observées avant la naissance et encore pourvues de leur nucleus ou noyau.

venue, et le corps de l'animal en sort comme d'un fourreau dans lequel il aurait été enfermé. Alors un nouvel épiderme s'est déjà formé pour remplacer celui que l'animal vient de perdre.

Au-dessous de l'épiderme, et comme dépendance de cette couche, est le *pigment* ou matière colorante de la peau, qui est surtout développé chez les nègres et donne à leur peau la couleur noire qui les distingue des autres hommes. Les animaux ont aussi des pigments, dont la teinte varie suivant les différentes espèces. Ces variations sont surtout remarquables chez les reptiles et les poissons, plus particulièrement chez les espèces des pays chauds dont les couleurs sont aussi vives que diversifiées. Le caméléon doit les changements de couleur qui l'ont rendu célèbre à la possibilité que présente son pigment de pouvoir s'épanouir à la surface du derme, ou de rentrer au contraire, soit en totalité, soit en partie, dans l'intérieur de cette membrane. Les mollusques céphalopodes offrent une disposition analogue, ot l'on nomme *chromatophores* les points pigmentaires qui changent si rapidement leur coloration, suivant qu'ils se cachent dans le derme ou apparaissent au contraire à la surface de cette membrane.

Derme. — C'est la couche principale de la peau. Il est constitué par un amas de cellules fibreuses, appartenant au tissu connectif et qui forment une sorte de feutrage perméable aux nerfs ainsi qu'aux vaisseaux. Sa couche extérieure présente de petites éminences diversement disposées qui constituent les *papilles du derme*. Ces papilles reçoivent les extrémités des nerfs et sont essentiellement les parties sensibles de la peau; leur sensibilité est d'autant plus active qu'elles sont recouvertes par une moindre couche épidermique. On sait combien cette sensibilité des papilles s'exagère et devient douloureuse lorsque, par une cause quelconque, l'épiderme a été enlevé.

Les parties profondes du derme sont plus lâches; celles de sa surface plus serrées. Les premières laissent dans leur intérieur des vides plus ou moins grands, remplis de graisse, qui établissent la transition du derme avec la couche graisseuse sous-jacente, dite *pannicule graisseux*. Dans certaines espèces, principalement sous l'influence d'une alimentation spéciale, cette couche graisseuse peut prendre un développement considérable; c'est ce qui a particulièrement lieu chez le porc, parmi nos animaux domestiques, et chez les cétacés, mammifères aquatiques dont le corps dépourvu de poils se refroidirait rapidement au contact de l'eau s'ils ne possédaient au-dessous du derme cette couche isolante pour empêcher la déperdition du calorique.

A la peau des animaux, mais dans certains points seulement et chez certaines espèces plutôt que chez les autres, se voit une tunique musculeuse facilitant les mouvements partiels que l'enveloppe cutanée exécute; c'est le *peaucier*. Il nous permet de remuer la peau de notre front ou même tout le cuir chevelu. Le cheval lui doit la possibilité de produire ces tremblements dont la peau de son ventre est le siège, lorsque quelque insecte vient le piquer. Le muscle peaucier n'acquiert, dans aucune espèce, un développement aussi grand que dans le hérisson, où il a l'apparence d'une sorte de coiffe, recouvrant tout le dessus du corps et destinée à redresser, dans toutes les directions, les innombrables piquants dont la peau de cet animal est armée.

Organes sécréteurs dépendant de la peau. — La peau est perméable à certains liquides ; c'est ainsi que la sueur peut la traverser et s'écouler au dehors. Elle renferme en outre dans son intérieur des organes glandulaires en général de très-petite dimension versant à sa surface des produits spéciaux, qui sont pour la plupart odorants. La structure de ces organes est tout à fait comparable à celle des glandes et des glandules que nous avons étudiées à propos du canal digestif.

Les *mamelles* destinées à fournir le lait, liquide à l'aide duquel les femelles des mammifères nourrissent leurs petits, sont les principaux de ces organes de sécrétion cutanée.

Nous avons déjà fait remarquer (p. 23) les qualités exceptionnellement alimentaires du liquide qu'elles fournissent. Il nous suffira, pour compléter sa description, de rappeler ici sa composition chimique chez quelques-unes des espèces qui nous le fournissent principalement, la vache, la brebis, la chèvre.

	Vache.	Brebis.	Chèvre.
Beurre	3,20	7,50	4,40
Caséine	3,00	4,90	3,50
Albumine	1,20	1,70	1,35
Sucre	4,30	4,30	3,10
Sels	0,70	0,90	0,35
Eau	87,60	81,60	87,30
	100,00	100,00	100,00

Les globules qu'on aperçoit dans le lait au moyen du microscope (fig. 6) sont de nature graisseuse ; ils sont néanmoins enveloppés d'une mince couche d'albumine. De l'eau tenant en dissolution les autres principes du lait, forme la plus grande partie de cette sécrétion.

Il est facile, au moyen de divers procédés dont l'étude concerne la chimie plutôt que la physiologie, de se faire une idée exacte de la composition du lait et des fraudes dont il est parfois l'objet.

Chez beaucoup d'animaux de la classe des mammifères, il existe d'autres glandes extérieures, mais leur produit est de nature différente. Le musc des chevrotains est secrété par une de ces glandes; il en est de même de la civette, autre parfum dû à un carnivore de ce nom vivant en Afrique; les musaraignes ont des glandes à musc sur les flancs et les desmans sur la queue.

Parmi les glandes cutanées on doit également signaler les *glandes sudoripares* qui existent chez l'homme et chez beaucoup d'autres animaux. Elles sont fort petites et formées chacune par un tube très-fin, pelotonné dans sa partie profonde et ouvert à la surface papillaire du derme par un très-petit orifice (fig. 86, *e*, *e'*). Par les glandes sudoripares suinte le principe qui donne à la sueur son odeur caractéristique. Ainsi que nous l'avons déjà dit, leur forme rappelle à certains égards celle des tubes urinifères et des glandes de Malpighi dont la réunion forme les reins.

Les oiseaux possèdent au-dessus du coccyx un amas glanduleux exsudant une matière grasse qui sert à enduire leurs plumes. C'est à cette matière que les plumes des oiseaux d'eau doivent la propriété de ne pas se mouiller lorsque ces animaux plongent.

Des glandules sécrétrices existent auprès de l'anus des serpents et à la face inférieure des cuisses chez les lézards.

Poils, plumes, etc. — Ces organes se produisent au moyen de bulbes placés dans la peau; ils constituent des téguments propres aux animaux à sang chaud. Comme l'épiderme, ils sont de nature cornée et leur structure est celluleuse. Ils rentrent dans la série des organes, appelés *phanères*, qui sont, avec les cryptes cutanés ou organes glandulaires dispersés à la surface de la peau, les principales parties accessoires de cette membrane.

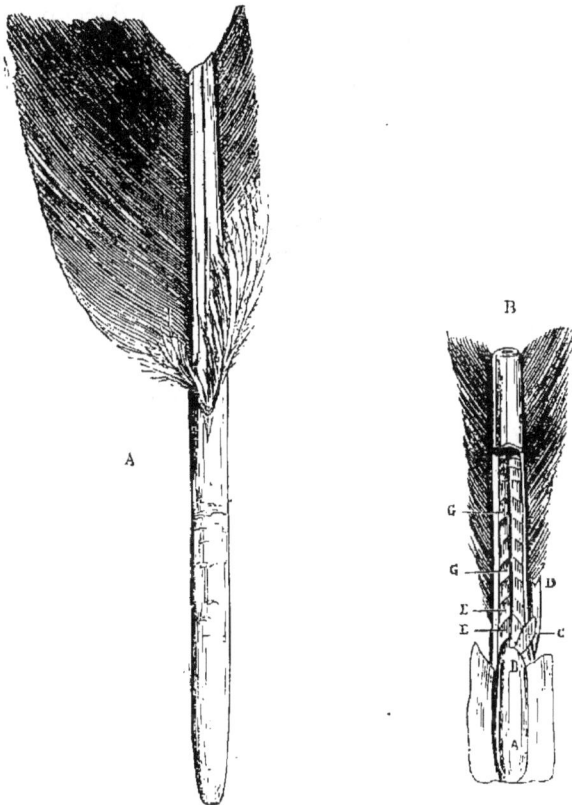

FIG. 88. — Plume et son analyse.

A) — la partie supérieure a été coupée; on voit donc le tuyau en entier et une portion de la tige avec ses appendices latéraux ou barbes de la plume. Les barbules au moyen desquelles les barbes s'attachent les unes aux autres pour former une surface plane et résistante ne sont pas indiquées.

B) — partie correspondante d'une autre plume également de la forme appelée pennes.

a et b) le tuyau, visible après qu'on a fendu la gaine cutanée qui renferme la plume et rabattu ses deux lambeaux ; — c) portion à laquelle aboutit le tuyau et dont l'échancrure porte le nom d'ombilic supérieur ; — d) partie inférieure de la tige qui fait suite à l'ombilic supérieur, également rabattue en dehors ; — e e) l'enveloppe cornée de la tige ; — g g) la pulpe intérieure de la tige, formée de cellules qui paraissent globuleuses quand on les examine au microscope et sont moins serrées que celles de la substance cornée qui sont aplaties. De chaque côté de la tige sont les barbes.

Il faut rapprocher des poils, à cause de leur composition chimique et de la manière dont ils se développent, les
ongles, les *sabots*, les *étuis cornés* des ruminants de la
famille du bœuf, ainsi que la *corne* du rhinocéros, etc.

Les *écailles* des poissons[1], sur lesquelles nous reviendrons à l'occasion de ces animaux, sont aussi des produits
phanériques, mais leur structure est différente à certains
égards et ils ont aussi une autre composition chimique.

Enfin on pourrait aussi comprendre dans la série des
produits tégumentaires de nature phanérique les *coquilles*
qui servent de moyen de protection aux animaux mollusques.

1. *Zoologie, Notions préliminaires*, fig. 102.

CHAPITRE XI.

DES ORGANES DES SENS ET PARTICULIÈREMENT DU TOUCHER.

L'homme et les animaux possèdent, mais à des degrés très-divers, la notion des passions qui s'agitent en eux, des sensations intérieures dont certains de leurs organes sont le siége, de la douleur que les maladies y déterminent, et de certains autres phénomènes dits subjectifs, parce que le corps lui-même en est le siége. Toutefois ces phénomènes, qui dépendent de l'individu qui les sent et qui s'accomplissent dans la partie intime de son être, ne sont pas les seuls qu'il puisse percevoir. Une pareille sensibilité serait insuffisante aux besoins de la vie animale. Le plus souvent elle ne serait qu'une source de mécomptes, si les phénomènes extérieurs ne parvenaient aussi à la connaissance des êtres dont nous parlons. C'est par la surface externe de leur corps que la perception leur en est fournie, et des instruments appropriés en recueillent la sensation. De là des organes particuliers concourant aux fonctions de relation, comme la locomotilité et l'activité cérébrale le font de leur côté, mais destinés à ne recevoir que des sensations extérieures et par conséquent purement objectives ou dont la cause est dans les objets du dehors. Ces organes sont les *organes des sens.*

On admet cinq sortes de sensations extérieures ; elles donnent lieu à autant de *sens* différents, savoir : le *toucher,* le *goût,* l'*odorat* ou *olfaction,* la *vue* et l'*ouïe.*

Quelques mots nous permettront d'apprécier le caractère de ces différents sens.

Le tact ou toucher est considéré comme un sens général, parce qu'il s'opère sur tous les points du corps et que la peau externe envisagée dans son ensemble et même certaines parties des muqueuses en sont également le siége. Il a pour agents des nerfs tirant leur origine de diverses parties du cerveau ou de la moelle épinière et s'y insérant tous par les racines dites postérieures chez l'homme ou supérieures chez les animaux. Ceux de ces nerfs qui se terminent à la peau nous renseignent sur la dureté plus ou moins grande des corps, sur leur forme ainsi que leur température et sur quelques autres de leurs qualités distinctives. Ainsi c'est par eux que nous avons la sensation du contact, celle du chatouillement, qui peut devenir douloureux s'il est exagéré, et le sentiment des actions électriques. Ces sensations tactiles sont perçues par les extrémités des nerfs dits de sensibilité générale qui les transmettent à la moelle et au cerveau.

Les autres sens sont appelés spéciaux, parce qu'ils ont pour siége des organes à part, différemment disposés suivant la nature des impressions qu'ils sont destinés à recueillir. Ils sont au nombre de quatre et tous ont leurs organes également placés à la tête, du moins chez les animaux supérieurs.

Leurs nerfs viennent directement du cerveau et, sauf pour le sens du goût, ces nerfs ont une structure fort différente de celle des autres. Ils sont pulpeux et semblent être des prolongements du cerveau lui-même dans l'organe auquel ils aboutissent plutôt que des nerfs ordinaires. Aussi leur fonction est-elle également spéciale et ils sont incapables de tout acte de sensibilité autre que la sensation à laquelle ils sont particulièrement affectés. Ils ne jouissent pas même de la sensibilité ordinaire ou générale propre aux nerfs du toucher ; c'est pourquoi des filets nerveux, appartenant à des rameaux de ce dernier ordre, viennent donner la sensibilité proprement dite aux organes qui les constituent. Ce sont principalement des rameaux de la cinquième paire des nerfs crâniens qui sont chargés de cette fonction ; le reste des nerfs de cette paire se distribue aux autres parties de la tête dont ils sont les principaux agents tactiles.

Si l'on tient compte du mode d'action des sens spéciaux, on peut les partager en deux groupes. Les uns, comme le goût et l'odorat, agissent pour ainsi dire chimiquement et leur perception exige pour avoir lieu que des parcelles des corps dont ils doivent nous faire connaître les propriétés sapides ou odorantes soient d'abord dissoutes et mises en contact avec leur membrane sentante.

Les autres, ou le sens de l'ouïe et celui de la vue, n'exigent point un contact immédiat. Les vibrations du milieu ambiant ou même, pour la vue, celles de l'éther qui remplit les espaces interplanétaires suffisent à la transmission des phénomènes dont ils nous donnent la notion. Mais la structure des organes destinés à percevoir ces sensations est des plus délicates et les impressions que nous procure la vue sont en particulier d'une telle finesse, qu'elles nous indiquent l'existence de corps placés à des distances fort grandes, non-seulement celle des planètes appartenant au système solaire, mais encore celle des étoiles dont l'éloignement est infiniment plus considérable.

Nous commencerons l'étude des sens par celle du toucher.

Sens du toucher.

Le toucher ou tact est regardé comme un sens général, parce qu'il s'exerce par tous les points de la surface extérieure du corps et même par quelques parties situées plus ou moins profondément. Il n'est pas desservi, comme les sens spéciaux dont nous parlerons ensuite, par des nerfs particuliers et d'une structure différente de celle de tous les autres ; ses nerfs sont répandus dans tous les points du corps, et ils ne sont assujettis à d'autre condition que de

prendre naissance à la moelle soit cérébrale, soit rachidienne, par des racines s'insérant auprès des faisceaux
postérieurs. La sensibilité tactile n'est donc qu'une forme
de la sensibilité générale ; à beaucoup d'égards elle se confond avec elle. C'est par les extrémités périphériques des
nerfs qu'elle s'exerce, et ces nerfs sont terminés, dans
beaucoup de points du corps, par de petits organes spéciaux appelés, d'après les auteurs qui les ont décrits avec le
plus de soin, *corpuscules de Paccini*, *corpuscules de Meissner* et *corpuscules de Krausse*. Les corpuscules de Meissner
semblent être plus spécialement les organes du tact.

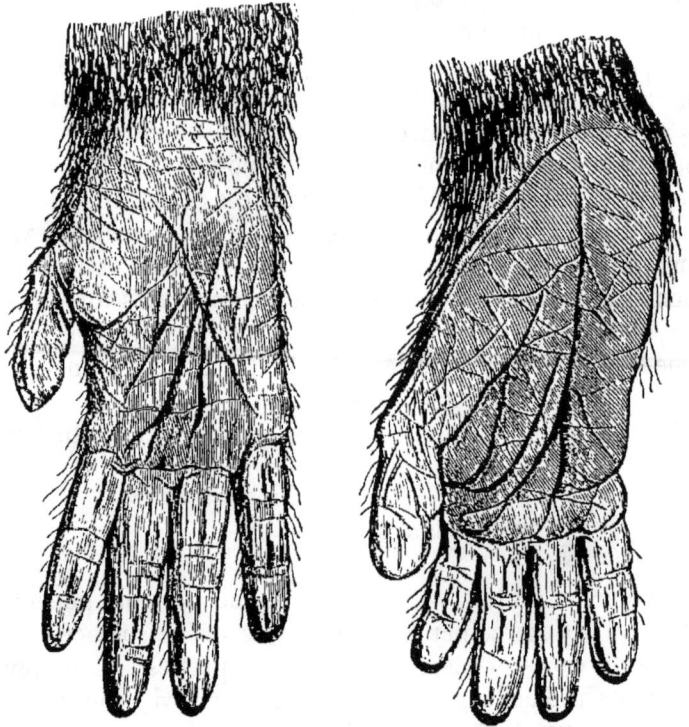

Fig. 89. — Mains antérieure et postérieure du *Chimpanzé*.

La sensibilité tactile est plus ou moins prononcée dans

les différentes parties du corps, suivant l'abondance ou la rareté des corpuscules nerveux qui en sont les principaux agents ; voilà pourquoi les points où elle est la plus vive sont aussi ceux dont l'épiderme est le moins développé.

L'homme touche plus particulièrement à l'aide de ses mains, mais d'autres parties de son corps peuvent également exercer le tact, sans toutefois y être appropriées d'une manière, aussi évidente. Les singes se servent avec une égale adresse de leurs mains de derrière et de leurs mains de devant (fig. 89). Le cheval touche avec sa lèvre inférieure ; l'éléphant avec sa trompe (fig. 90). Chez d'autres

FIG. 90. — *Éléphant d'Afrique* et *Éléphant d'Asie*
Partie antérieure du corps et trompe.

mammifères ce sont des organes encore différents qui servent à l'exercice de cette fonction. Les perroquets y emploient leur langue ; les lézards ainsi que les serpents font de même. Dans certains poissons l'office tactile est rempli par des barbillons placés aux angles de la bouche (carpes, barbeaux, etc.) ; dans les trigles il l'est par des rayons détachés des nageoires pectorales. Les chats, les phoques et d'autres mammifères carnassiers ont pour organes du tact des poils plus roides que les autres et plus longs qui partent en divergeant de leur lèvre supérieure ; il s'y rend des filets nerveux assez volumineux provenant des nerfs de la cinquième paire. Ces poils ont reçu le nom particulier de *vibrisses*.

La sensibilité tactile existe aussi chez les espèces inférieures, car c'est une des propriétés les plus caractéristiques des animaux que de percevoir des sensations de cette nature et la sensibilité est un des caractères par lesquels ils se distinguent des végétaux.

Des mains. — Les extrémités antérieures, organes principaux du tact chez beaucoup d'animaux, en particulier chez les singes, acquièrent chez l'homme un degré remarquable de perfection. Elles ne sont plus employées à la marche ; leurs mouvements sont libres, et elles deviennent des instruments spéciaux de l'intelligence : aussi sont-elles mieux disposées que dans aucune autre espèce pour saisir les objets ou les toucher, et elles se prêtent par leur conformation anatomique à la variété pour ainsi dire infinie des actes que nous leur demandons ; d'autre part la peau y est riche en corpuscules tactiles.

Helvétius a dit dans son livre *De l'esprit*, que si la nature, au lieu de mains et de doigts flexibles, avait terminé nos poignets par un pied semblable à celui du cheval, « les hommes seraient encore errants comme des troupeaux fugitifs, » et Buffon aurait désiré pour notre espèce une main plus perfectionnée que celle dont elle est douée : « qu'elle fût par exemple divisée en vingt doigts, que ces doigts eussent un plus grand nombre d'articulations et de mouvements. »

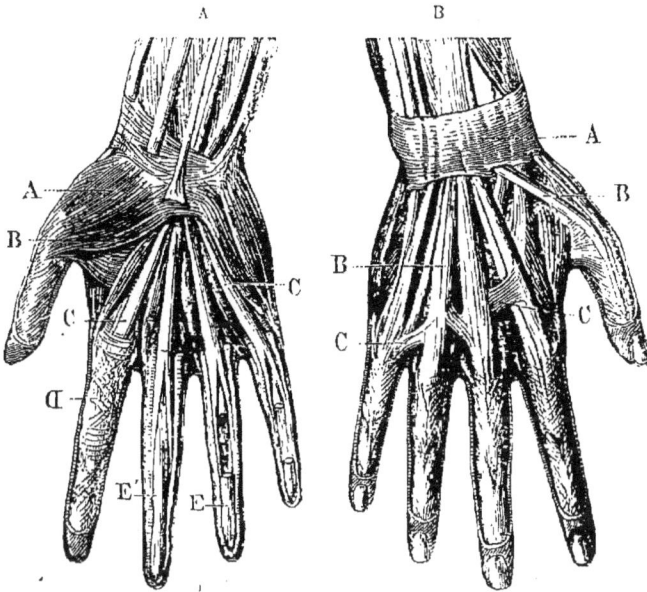

Fɪɢ. 91. — Anatomie de la main de l'homme.

A — Face palmaire. = A) muscle court adducteur du pouce ; — B) court fléchisseur du pouce ; — cc) tendons des fléchisseurs superficiels des doigts ; — D) gaine d'un de ces tendons ; — EE) tendon du fléchisseur profond.

B — Face dorsale. = A) ligament annulaire du carpe ; — BB) tendon de l'extenseur commun des doigts ; — cc) expansion tendineuse reliant les tendons.

« Il n'est pas douteux, ajoute Buffon, que le sentiment du toucher ne fût infiniment plus parfait dans cette conformation qu'il n'est, parce que cette main pourrait alors s'appliquer beaucoup plus immédiatement et plus précisément sur les différentes surfaces des corps ; et si nous supposions qu'elle fût divisée en une infinité de parties, toutes mobiles et flexibles, qui pussent s'appliquer en même temps sur tous les points de la surface des corps, un pareil organe serait une espèce de géométrie universelle (si je puis m'exprimer ainsi) par le secours de laquelle nous aurions, dans le moment même de l'attouchement, des idées exactes et précises de la figure de tous les corps et de la différence même infiniment petite de ces figures. »

Buffon est ici l'inspirateur d'Helvétius, et comme ce dernier l'a accepté depuis, il fait de l'intelligence une conséquence de la perfection de nos instruments de préhension, tandis que c'est le contraire qui a lieu. Nous avons une main supérieure à celle des animaux parce que notre intelligence est au-dessus de la leur et que des instruments plus perfectionnés lui sont indispensables pour exécuter ses desseins et la mettre en rapport immédiat avec le monde extérieur. La main imaginée par Buffon aurait-elle écrit les belles pages que nous lui devons, et que nous appréhenderait-elle que la vue ne nous fasse mieux connaître? De pareilles spéculations ne sont pas seulement entachées de sensualisme, elles constituent des erreurs réelles, erreurs au point de vue de la physiologie comme au point de vue de l'anatomie. Galien était bien mieux inspiré que ne l'ont été ses successeurs lorsqu'il écrivait, il y a plus de seize siècles : « L'homme a eu des mains parce qu'il est un animal très-sage et que les mains sont pour lui des instruments convenables; il n'est point un animal très-sage, comme disait Anaxagore, parce qu'il a eu des mains, mais il a eu des mains parce qu'il est très-sage, comme a très-bien jugé Aristote; car ce ne sont point les mains, mais la raison, qui lui ont enseigné les arts. »

CHAPITRE XII.

Sens du goût.

Le GOUT, appelé aussi *gustation*, nous donne la notion de cette propriété des corps qui constitue leur saveur; c'est un sens spécial, mais qui tient encore beaucoup du toucher. Cependant il exige, de plus que ce dernier, une dissolution préalable de quelques molécules des substances sur lesquelles il est appelé à nous renseigner. Il faut aussi que ces molécules, dites sapides, soient mises en contact immédiat avec la langue, organe particulièrement affecté aux perceptions gustatives. Il n'y a donc de corps doués de saveur que ceux qui sont solubles; la salive est l'agent principal de cette dissolution.

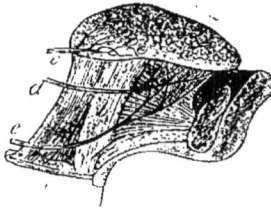

FIG. 92. — Organe du goût.

La langue et ses papilles; ses muscles intrinsèques et extrinsèques. La lèvre inférieure et la symphyse maxillaire ont été coupées verticalement.

b) un des muscles extrinsèques (l'hyoglosse); — c) partie linguale du nerf glosso-pharyngien; — d) nerf lingual, fourni par la cinquième paire (voir p. 176); — e) nerf hypoglosse.

La LANGUE (fig. 92) est un organe de consistance charnue
dans lequel on distingue des muscles de deux sortes. Les
uns, qui lui sont exclusivement propres, sont ses muscles
intrinsèques; les autres, dits *extrinsèques,* sont destinés à
la rattacher aux parties voisines, principalement à l'os
hyoïde (fig. 92 *b*) et à la face postérieure de la symphyse
mentonnière.

Les mouvements propres de la langue sont dus au jeu de
ses muscles intrinsèques et ses mouvements généraux à
celui de ses muscles extrinsèques. Les uns et les autres
sont sous la dépendance d'un nerf d'ordre moteur, le *grand
hypoglosse;* un filet de la septième paire, appelé *corde du
tympan,* paraît destiné à mettre ces mouvements d'ac-
cord avec les données fournies au cerveau par l'oreille.

La surface de la langue est recouverte par la muqueuse
buccale, mais cette membrane revêt à sa partie supérieure
des caractères particuliers. On y distingue les PAPILLES,
auxquelles aboutissent les extrémités des nerfs destinés à
sa sensibilité, soit gustative soit tactile; car la langue n'est
pas seulement l'organe du goût, elle est aussi un instrument de toucher et dans certaines espèces c'est elle qui
exerce en grande partie ce dernier sens. Les papilles de la
langue sont bien plus développées que celles de la peau. On
en reconnaît de trois sortes.

Les plus grosses, dites *papilles caliciformes,* sont rangées
à la base de cet organe sur deux lignes disposées angulai-
rement. D'autres, disséminées sur toute la langue, ont été
nommées *papilles fongiformes,* parce qu'on les a comparées
à de petits champignons. Les troisièmes, ou *papilles filifor-
mes,* sont coniques; ce sont les plus nombreuses. Chez certains animaux, parmi lesquels nous citerons le bœuf et les
espèces du genre chat, celles-ci sont recouvertes d'une sorte
d'étui corné qui rend la langue dure comme une râpe;
chez les glossophages, genre de chauves-souris propres à
l'Amérique méridionale, elles sont allongées et comparables à des poils.

Les papilles fongiformes paraissent être les véritables

organes du goût; c'est à elles qu'aboutissent les extrémités des filets nerveux sensitifs, particulièrement celles du *nerf lingual*, qui, tout en étant une division de la cinquième paire, semble à beaucoup d'auteurs être affecté, de préférence au nerf *glosso-pharyngien*, à la perception des saveurs ; cependant il reste également chargé de la sensibilité tactile de la langue. Il ne manque pourtant pas de physiologistes qui attribuent la gustation au nerf glosso-pharyngien seul.

Peut-être y a-t-il intervention de ces deux nerfs, car si la langue goûte par l'intermédiaire du lingual, on ne saurait attribuer qu'au glosso-pharyngien la sensation que nous donnent le bouquet des vins et d'autres substances lorsque nous les mettons en rapport avec le voile du palais où ce nerf se rend aussi à l'exclusion du lingual.

Dans l'homme la langue n'est pas seulement un organe de gustation et de toucher; elle sert aussi à la déglutition et elle a de plus un rôle important dans la parole articulée.

Chez les animaux elle présente de curieuses variations de forme, principalement en rapport avec l'alimentation. C'est à l'aide des papilles cornées dont elle est armée que les chats et autres félis arrachent les chairs en les léchant. Dans plusieurs édentés elle est filiforme et susceptible d'une grande extension, et les muscles sterno-glosses présentent chez les fourmiliers une disposition tout à fait singulière. Au lieu de s'arrêter à la partie antérieure du sternum, ils filent intérieurement à la poitrine en suivant la face postérieure du sternum jusqu'à l'appendice xyphoïde qui termine cet os en arrière.

Les oiseaux et les poissons ont en général la langue peu développée et incapable de fournir des sensations délicates. Ce que l'on regarde vulgairement comme étant la langue des carpes et que les gourmets recherchent, répond à la partie pharyngienne de leur bouche; la langue de ces poissons est rudimentaire comme celle des autres animaux de la même classe. Chez certains poissons elle est même armée de dents.

On possède encore peu de notions précises au sujet du sens du goût chez les animaux sans vertèbres.

Sens de l'odorat.

Beaucoup d'êtres vivants, soit animaux, soit végétaux, répandent des odeurs qui leur sont propres; ce qui nous permet de les reconnaître à distance. Les substances que nous tirons d'eux pour notre alimentation ou pour notre industrie ont aussi des propriétés odorantes, et il en est de même pour certains principes appartenant au règne minéral. L'odeur des matières d'origine organique peut aussi varier suivant leur état de conservation et nous avons, en les flairant, le moyen de juger du degré d'altération ou de pureté qui les caractérise. L'air est le véhicule des émanations odorantes appelées aussi effluves; la volatilité est donc une condition indispensable à leur manifestation.

L'homme et les animaux perçoivent les odeurs à l'aide d'un organe particulier, qui est le nez, et le sens auquel cette perception donne lieu, est *l'odorat* ou olfaction. Une quantité extrêmement faible de matière odorante peut dans certains cas suffire à la production de sensations très-vives, et cet état de choses peut persister pendant un temps fort long. Le musc nous en fournit un exemple remarquable. Exposé à l'air durant un grand nombre d'années, il répand une forte odeur et en imprègne, d'une manière souvent durable, tous les objets avoisinants, sans perdre cependant une quantité appréciable de son poids.

L'odorat ou olfaction qui nous donne la connaissance des odeurs est un sens spécial, nécessitant une dissolution chimique des effluves apportées par l'air; cette dissolution s'opère au moyen d'une humeur dont la membrane intérieure du nez est enduite. Il y a aussi des nerfs spéciaux pour recueillir les sensations olfactives et les transmettre au cerveau. Ces nerfs, divisés en un grand nombre de filets, proviennent des parties antérieures de l'encéphale dont nous avons parlé sous le nom de lobes olfactifs et qu'on appelle à tort, en anatomie humaine, nerfs olfactifs ou de la première paire. En effet, ces lobes ne sont pas des nerfs dans le sens ordinaire de ce mot, et chez beaucoup d'espèces ils sont proportionnellement plus volumineux que chez l'homme, ce qui correspond à un plus grand développement du sens de l'olfaction.

Les animaux ainsi organisés tirent évidemment de leur odorat des indications bien plus précises que nous ne pouvons le faire; aussi les voyons-nous sentir attentivement tous les objets qu'ils veulent manger ou de la nature desquels ils cherchent à se rendre compte.

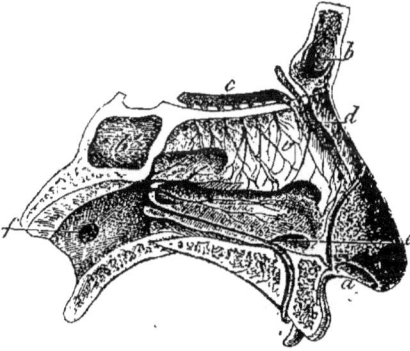

FIG. 93. — Organes de l'odorat.

a) narines; — b et b') sinus frontaux et sinus sphénoïdaux; — c) lobe olfactif fournissant les nerfs de l'odorat qui se répandent sur la membrane pituitaire; — d) rameau nasal de la cinquième paire de nerfs; — e) autre filet de la cinquième paire; — f) orifice de la trompe d'Eustache.

Le flair fournit à un grand nombre de ces espèces des renseignements tout aussi précieux que ceux qu'elles doivent au sens de la vue, et comme les lobes olfactifs sont en communication directe avec les hémisphères cérébraux, siége de l'intelligence, on comprend l'importance que peuvent avoir pour les animaux les sensations qu'ils en tirent. Quelquefois il y a parité dans le développement des lobes olfactifs et dans celui des lobes optiques. L'homme et les singes ont au contraire les lobes olfactifs rudimentaires; les cétacés et les oiseaux les ont plus petits encore.

L'organe de l'olfaction, dont la partie extérieure et saillante est appelée le *nez* (fig. 93), constitue une cavité creusée au milieu de la face, dans un écartement limité par plusieurs os. Ces os sont les nasaux ou os propres du nez, les maxillaires supérieurs, les palatins, le sphénoïde et l'ethmoïde. Une cloison osseuse, formée par le vomer, partage la cavité nasale en deux moitiés ou plutôt en deux chambres ou fosses nasales, ayant chacune un orifice extérieur appelé narine externe. Des cartilages recouverts par la peau et munis de différents muscles constituent en grande partie la saillie du nez de l'homme. La cloison médiane se prolonge aussi au moyen d'un cartilage qui sépare les narines externes l'une de l'autre ; ce cartilage est quelquefois remplacé par une muraille osseuse. C'est en particulier ce qui avait lieu pour l'espèce éteinte de rhinocéros, propre à l'époque quaternaire, à laquelle Cuvier a donné, à cause de cela, le nom de *Rhinoceros tichorhinus*. Dans l'intérieur des deux cavités nasales et pour en augmenter la surface, sont en outre des lames osseuses fort minces, disposées en manière de *cornets*, et dont on distingue trois étages : les cornets supérieurs, moyens et inférieurs.

C'est sur ces différentes surfaces que s'étend la muqueuse nasale, appelée *membrane pituitaire*, à cause de l'humeur autrefois nommée *pituite* qui s'épanche des nombreux cryptes qu'elle renferme et qui lubréfie sa surface ; cette membrane est en même temps très-vasculaire, comme le prouvent les fréquents saignements dont le nez est le siége chez certaines personnes. Son épithélium présente en outre la curieuse particularité d'être vibratile, au moins dans ses parties non olfactives ; ces parties sont les plus éloignées de l'origine des rameaux nerveux.

La manière dont les nerfs, fournis par les lobes olfactifs, entrent dans l'appareil nasal, mérite aussi d'être signalée. Ils traversent une multitude de petits trous percés dans une partie de l'os ethmoïde, à laquelle cette disposition a valu le nom de *lame criblée*. C'est ce qui faisait dire aux anciens que le nez communique directement avec le cerveau, et ils croyaient que la pituite s'écoule de ce dernier organe. On dit encore, « un rhume de cerveau » pour désigner l'affection passagère, mieux nommée coryza, qu'occasionne l'inflammation de la pituitaire.

Les fosses nasales peuvent être regardées comme la première partie des voies respiratoires. C'est en effet par elles que l'air entre, pour passer ensuite dans la tranchée-artère en traversant l'arrière-bouche ou pharynx. Les orifices postérieurs des narines, qui font communiquer ces cavités avec le pharynx, s'appellent les *arrière-narines;* il y en a deux, un pour chaque fosse nasale. Les lépidosirènes, dont la respiration est à la fois aérienne et aquatique, sont les seuls poissons qui soient pourvus d'arrière-narines.

En outre, les cavités olfactives telles que nous venons de les décrire, sont en rapport, chez l'homme et chez beaucoup d'animaux, avec des excavations qui se creusent après la naissance dans l'intérieur de plusieurs des os avoisinants. Ces excavations sont les *sinus olfactifs*. Il y en a dans les os maxillaires supérieurs, dans le sphénoïde et dans les frontaux. Quelquefois il en existe encore dans plusieurs autres os du crâne, et toute la tête osseuse peut être creusée dans son épaisseur par des cellulosités analogues Une semblable disposition diminue la pesanteur de cette partie du squelette; elle nous explique comment le volume de la tête peut devenir énorme, comme il l'est en effet chez l'éléphant et chez quelques autres grands mammifères terrestres, sans surcharger les muscles destinés à la soutenir [1]. Les cornes des bœufs et autres ruminants

1. Il en résulte, entre autres modifications étrangères à la fonction qui nous occupe, que la forme extérieure du crâne diffère souvent d'une manière considérable de celle de sa cavité intérieure, et que, par suite, la configuration du cerveau ne se trouve plus traduite, comme on le croit souvent, par la forme extérieure de la tête. C'est là une

à étuis sont aussi plus ou moins complétement excavées dans leur axe osseux. Ces cavités, tout en allégeant, comme celles du crâne des éléphants, le poids de la tête, semblent aussi devoir être regardées comme des réservoirs, permettant à ces animaux d'emmagasiner des émanations odorantes capables de leur fournir à l'occasion des renseignements sur les lieux qu'ils ont déjà traversés, ou de les éclairer dans d'autres circonstances sur la nature des objets qu'ils recherchent.

FIG. 94. — Tête du *Phyllostome vampire*.
Espèce de chéiroptère d'Amérique, pourvue d'une feuille nasale.

Certains mammifères ont le nez allongé et transformé dans sa partie extérieure en organe de préhension. Telle

des nombreuses objections que l'on peut opposer à la cranioscopie. L'angle facial souvent employé depuis le célèbre anatomiste Camper, comme mesure du développement cérébral, conduit aussi, dans beaucoup de cas, à des appréciations entièrement erronées.

est l'origine de la trompe des éléphants (fig. 90) ; une disposition analogue quoique moins prononcée s'observe chez
le tapir, le desman, etc. Les condylures, animaux voisins
des taupes, et certaines chauves-souris comme les phyllos-
tomes (fig. 94) et les rhinolophes (fig. 45) ont au contraire
les narines entourées d'expansions membraneuses que l'on
pourrait considérer comme des conques nasales. Les lou-
tres, les hippopotames, les phoques et d'autres espèces qui
vivent dans l'eau possèdent autour de leurs narines une
sorte de sphyncter, qui leur permet de les fermer her-
métiquement lorsqu'ils plongent.

L'odorat existe chez les oiseaux, mais il y est peu développé ; les reptiles seraient mieux partagés sous ce rapport,
si l'on en jugeait par l'étendue de leurs lobes olfactifs.

L'odorat n'est pas plus contestable chez les animaux
aquatiques que chez ceux qui vivent à l'air libre, et, pour
ne parler ici que des poissons, le développement de leurs
lobes olfactifs prouverait à lui seul, s'il en était besoin, que
cet ordre de sensations ne leur est pas étranger.

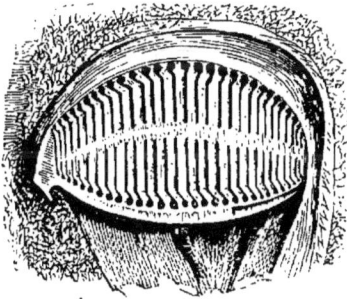

FIG. 95. — Une des narines de la *Raie*.

Ils ont d'ailleurs des narines extérieures (fig. 95) ; mais
ces organes sont assez différents de ceux des vertébrés aériens, et ils sont de plus entièrement séparés l'un de l'autre. Ce sont de petites excavations de la partie antérieure
de la tête, sans aucune communication avec la bouche

et, par conséquent, manquant d'arrière-narines. Leur intérieur est garni de stries ou de lamelles assez nombreuses, et la partie du système nerveux cérébral qui s'y rend forme auprès d'eux une sorte de renflement qu'on pourrait appeler une rétine olfactive. Souvent aussi l'organe de l'odorat des poissons est contenu dans une capsule fibreuse comparable à la sclérotique, c'est-à-dire à l'enveloppe protectrice de l'œil. Rappelons aussi que la membrane répondant à la pituitaire qui en garnit la surface sentante est pourvue de cils vibratiles.

L'appareil olfactif n'a pas encore été reconnu dans toutes les classes d'animaux sans vertèbres; mais on a constaté, par des expériences, que chez les insectes il est formé par leurs antennes.

CHAPITRE XIII.

DU SENS DE LA VUE.

La vue ou vision est le sens par lequel nous avons connaissance des corps au moyen des rayons lumineux qu'ils envoient à notre œil. Les phénomènes qu'elle nous permet de percevoir sont de l'ordre de ceux que l'on étudie dans l'optique, partie importante de la physique générale, à laquelle on doit avoir recours si l'on veut se faire une idée exacte de la théorie de la vision.

L'œil, ou l'organe chargé de recueillir les sensations lumineuses, est de la nature des bulbes ou phanères; mais il est plus délicat qu'aucun d'eux, sauf peut-être celui de l'audition, qui est d'ailleurs plus profondément situé et par suite exposé à moins d'accidents.

On a comparé le bulbe oculaire à une chambre noire remplie d'humeurs transparentes destinées à diriger les rayons lumineux dans son intérieur et pourvue d'une membrane sensible, par conséquent nerveuse, sur laquelle les images viennent former un tableau dont la sensation est immédiatement transmise au cerveau par un nerf spécial. Plusieurs parties avoisinant le bulbe oculaire sont modifiées dans le même but ou appelées à protéger l'œil contre les agents extérieurs.

Le nerf spécial de l'œil est le nerf optique; sa membrane sentante est la *rétine*. Nous parlerons des *parties accessoires de l'œil* après en avoir décrit le *bulbe* et fait connaître la théorie de la vision.

Du bulbe de l'œil. — C'est un organe de forme à peu près sphéroïdale dont la surface extérieure résulte de la réunion de deux segments de sphères d'inégal rayon. L'un de ces segments est opaque ; l'autre est transparent. Celui-ci est fourni par la sphère de plus petit rayon ; sa surface n'occupe qu'un sixième de la surface totale du bulbe oculaire et il est transparent ; il constitue la cornée transparente. La sclérotique, aussi appelée blanc de l'œil ou cornée, enveloppe le reste des bulbes de l'œil.

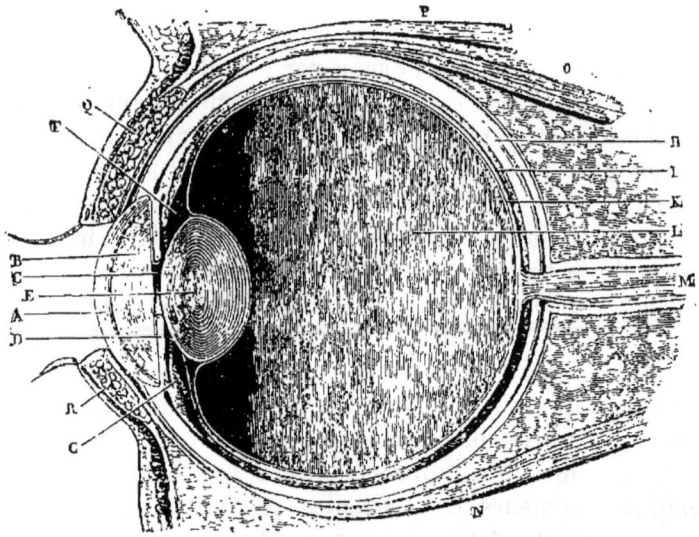

Fig. 96. — L'œil ; coupe verticale, par le milieu du bulbe.

a) cornée transparente ; — b) humeur aqueuse ; — c) pupille ; — d) iris ; — e) cristallin ; — f) procès ciliaires ; — g) le canal de Petit, faisant le tour du cristallin ; — h) sclérotique ; — i) choroïde ; — k) rétine ; — l) humeur vitrée ; — m) nerf optique ; — n et o) les muscles droit, inférieur et supérieur ; — p) muscle releveur de la paupière supérieure ; — q) la paupière supérieure ; — r) la paupière inférieure.

Les parties qui composent le bulbe oculaire sont de

deux sortes. Les unes, membraneuses, forment principalement ses enveloppes, comme la cornée transparente, la sclérotique, la choroïde, et ses dépendances ainsi que la rétine; les autres transparentes, de densité différente, destinées à conduire les rayons lumineux sur la rétine en les réfractant et à produire l'image que celle-ci doit percevoir, sont les humeurs de l'œil.

1° *Membranes de l'œil.*

La CORNÉE TRANSPARENTE est placée au devant de l'œil, dans l'intérieur duquel elle laisse pénétrer les rayons lumineux. Cette membrane tient à la fois par sa structure des membranes épidermoïdes et des fibreuses; ce n'est qu'avec peine que l'on y démontre la présence de vaisseaux sanguins. Elle est convexe en avant et concave en arrière. On l'a souvent comparée à un verre de montre ou à une vitre qui serait enchâssée en avant de la sclérotique.

La SCLÉROTIQUE complète la surface extérieure de la sphère oculaire dont elle forme la plus grande partie; elle est évidemment de structure fibreuse et, sous ce rapport, comparable au derme. Chez certains animaux, comme les oiseaux, quelques reptiles et beaucoup de poissons, elle est soutenue par une lame osseuse ou par plusieurs pièces de même consistance.

La CHOROÏDE, qui double intérieurement la sclérotique, est de nature essentiellement vasculaire; elle est tapissée par un pigment. C'est ainsi que la cavité de l'œil se trouve transformée en une sorte de chambre noire. Les albinos, hommes ou animaux, ont l'œil rouge parce que l'absence de pigment à la surface interne de leur choroïde laisse voir les vaisseaux sanguins dont cette membrane est formée.

En avant la choroïde se termine par les *procès ciliaires;* elle fournit en outre un voile membraneux tendu dans la partie antérieure de l'œil et dont la couleur varie suivant les sujets, ce qui fait que les yeux paraissent bleus, bruns, gris, etc. Ce voile est l'*iris* appelé aussi prunelle; sa face postérieure est garnie, sauf chez les albinos, d'une couche de pigment noir auquel on donne le nom d'uvée.

L'iris est percé à son centre par un trou nommé *pupille*. Il forme ainsi dans l'intérieur du bulbe oculaire un véritable écran à travers l'ouverture duquel doivent passer tous les rayons lumineux destinés à fournir des images. L'iris renferme des fibres musculaires dans son épaisseur et c'est à leur constriction ainsi que leur dilatation que sont dus les changements de diamètre qu'éprouve l'ouverture pupillaire. Il existe aussi dans la région des procès ciliaires un muscle de forme annulaire ; ce muscle a un rôle important dans l'accommodation de l'œil aux distances visuelles.

La pupille est arrondie chez l'homme et chez la plupart des animaux ; son diamètre augmente ou diminue suivant l'intensité de la lumière à laquelle l'œil est exposé. Cette ouverture est elliptique chez quelques espèces, au nombre desquelles on peut signaler le chat et le tigre ; les ruminants l'ont rectangulaire ; elle est frangée chez les sauriens de la famille des geckos et semi-lunaire dans les raies.

La RÉTINE, ou membrane nerveuse et sensible de l'œil, est appliquée sur la choroïde, intérieurement à cette dernière. Elle est transparente pendant la vie, mais dans nos préparations anatomiques elle devient opaque et blanchâtre, parce qu'elle s'altère très-rapidement ; aussi lorsque l'on veut se faire une idée exacte de sa structure, doit-on l'examiner sous le microscope, en la prenant sur des animaux encore vivants. On distingue alors plusieurs couches à la rétine. Parmi ces couches les plus importantes paraissent être celle qui résulte de l'épanouissement des fibres du nerf optique et une autre composée de substance nerveuse grise. Entre cette dernière et la surface pigmentaire noire de la choroïde, contre laquelle la rétine est appliquée, on remarque en outre une couche de très-petits corps transparents comme du cristal, ayant l'aspect de courts cylindres serrés les uns contre les autres de manière à simuler une sorte de pavage. Ce sont les *bâtonnets* ou la couche pavimenteuse de la rétine. Ces bâtonnets sont d'au-

tant plus petits que les papilles sensibles de la rétine ont
elles-mêmes une dimension moindre, ce qui correspond à
une plus grande délicatesse de la sensation visuelle et par
suite à une finesse plus grande dans la perception des images.

2° *Humeurs de l'œil.*

On en distingue trois, l'humeur aqueuse, le cristallin et
l'humeur vitrée.

L'HUMEUR AQUEUSE, la plus liquide des trois, présente à
peu près le même indice de réfraction que l'eau. Elle occupe dans la partie antérieure du globe de l'œil deux petites cavités dont l'une, dite *chambre antérieure*, s'étend
entre la face postérieure de la cornée transparente et l'i-
ris, tandis que l'autre, dite *chambre postérieure,* est comprise entre la face postérieure de l'iris et le cristallin.

Le CRISTALLIN ou la seconde humeur se produit dans
une membrane appelée *capsule du cristallin.* Suivant les
espèces, il a la forme d'une lentille plus ou moins convexe
ou celle d'une sphère.

C'est avec la cornée l'appareil spécialement convergent de
l'organe visuel. Son rôle est tout à fait comparable à celui
des lentilles biconvexes telles qu'on les décrit en physique;
il fait converger les rayons lumineux, et son foyer coïncide
avec la surface de la rétine. Le cristallin est situé en arrière du trou pupillaire; c'est lui qui forme le corps opaque et blanc qu'on aperçoit dans l'œil des individus affectés de cataracte; à l'état sain il est tout à fait transparent.
Son foyer varie avec son rayon de courbure, et chez les
animaux qui doivent voir de loin ou dans un milieu de
faible densité comme les mammifères terrestres et surtout
les oiseaux, il est moins convexe que chez ceux dont la vue
a peu de portée ou qui vivent dans un milieu plus dense,
comme les mammifères aquatiques, les oiseaux d'eau et
surtout les poissons.

Dans notre propre espèce il existe des différences analogues, mais d'une moindre intensité. La vision en éprouve

pourtant des altérations notables. Aux cristallins trop aplatis correspondent les vues longues dites presbytes, et, aux
cristallins dont la courbure est exagérée, les vues courtes
ou myopes. On sait que l'on remédie à ces altérations indi-
viduelles au moyen de lunettes que l'on choisit biconvexes
ou convergentes dans le premier cas et biconcaves ou diver-
gentes dans le second. La presbytie augmente habituellement avec l'âge; son nom rappelle qu'elle est fréquente
chez les vieillards.

Le cristallin résulte de l'assemblage d'un nombre considérable de couches emboîtées et comme engrénées les
unes aux autres; les plus intérieures sont les plus denses.
L'indice moyen de réfraction de ces diverses couches est
de 1,384, celui de l'eau étant pris pour unité.

La troisième humeur de l'œil est l'HUMEUR VITRÉE, dont
le volume dépasse celui des deux autres. Elle occupe un
peu plus de la moitié postérieure du globe oculaire, et est
contenue dans une membrane transparente qui a reçu le
nom de *membrane hyaloïde*. Cette dénomination et celle
d'humeur vitrée font allusion à la transparence parfaite de
cette humeur.

Une excavation antérieure de l'humeur vitrée reçoit la
face postérieure du cristallin qu'elle loge pour ainsi dire,
et, dans la périphérie de leur surface de contact, les enveloppes de ces deux humeurs sont à leur tour comme reliées
à la choroïde par le prolongement des procès ciliaires,
sortes de petites lamelles noires formant la couronne ciliaire. La couronne ciliaire reste en partie adhérente au sac
de l'humeur vitrée lorsqu'on veut isoler cette humeur dans
les préparations anatomiques.

Tel est le globe de l'œil envisagé dans ses principales
parties. Il nous reste, pour compléter cette description, à
parler du nerf spécial ou nerf optique, qui établit la com-
munauté de sensations entre la rétine et le cerveau.

3° *Nerf optique.*

Les nerfs de la vision forment la seconde des paires nerveuses crâniennes admises dans les ouvrages d'anatomie humaine. Ce sont des nerfs de sensibilité spéciale n'ayant d'autre fonction que celle de transmettre de l'œil au cerveau les impressions lumineuses recueillies par la rétine. Il y en a deux, un pour chaque œil. Ils sont formés l'un et l'autre d'un nombre considérable de filets secondaires, tous remplis de substance médullaire pulpeuse et réunis sous une enveloppe commune. Les fibres nerveuses de chaque nerf optique ne vont pas toutes à l'œil appartenant au côté du cerveau où elles prennent naissance. La plus grande partie gagne l'œil du côté opposé ; le point de leur entre-croisement s'appelle le *chiasma des nerfs optiques.* La conséquence de cette disposition croisée est que la paralysie des racines du nerf droit détermine la perte de la vue dans l'œil gauche, et réciproquement ; mais sans que cette paralysie soit toujours complète, puisqu'il n'y a, dans le cas que nous supposons, que les fibres nerveuses fournies par un seul des côtés du cerveau qui soient altérées.

Indépendamment du nerf optique dont la spécialité de fonction vient d'être définie, le globe de l'œil reçoit plusieurs filets nerveux dits *nerfs ciliaires,* qui proviennent du ganglion ophthalmique formé lui-même par la réunion de branches fournies par la troisième et la cinquième paire. Les nerfs ciliaires se distribuent à l'iris et aux parties intérieures de l'œil qui sont plus spécialement destinées à opérer l'adaptation de cet organe aux distances d'où les images nous arrivent.

Il y a bien encore quelques autres nerfs affectés au service de l'appareil visuel, mais ils se rendent uniquement à ses parties accessoires : muscles, voies lacrymales et paupières. Il suffira de les signaler. Ce sont les nerfs de la troisième paire, ou *moteurs oculaires communs;* ceux de la quatrième, ou *pathétiques;* ceux de la sixième, ou *moteurs oculaires externes;* tous essentiellement moteurs. Enfin les parties accessoires de l'œil reçoivent de la cinquième paire, qui est uniquement sensible, les nerfs *lacrymaux* et les *palpébraux.*

THÉORIE DE LA VISION. Il y a dans cette importante fonction deux ordres de phénomènes bien distincts. Les uns sont de nature purement physique; ils dépendent de l'agencement des membranes et des humeurs de l'œil ainsi que de leur transparence ou de leur opacité, et, dans le cas où ces parties sont transparentes, de leur réfrangibilité, c'est-à-dire de l'écartement ou du rapprochement qu'elles déterminent entre les rayons composant un même faisceau lumineux, de manière à raccourcir son foyer ou à l'éloigner. C'est par ces phénomènes ainsi que par les organes qui les exécutent que l'œil a pu être comparé à un instrument de physique, soit une lunette, soit une chambre noire.

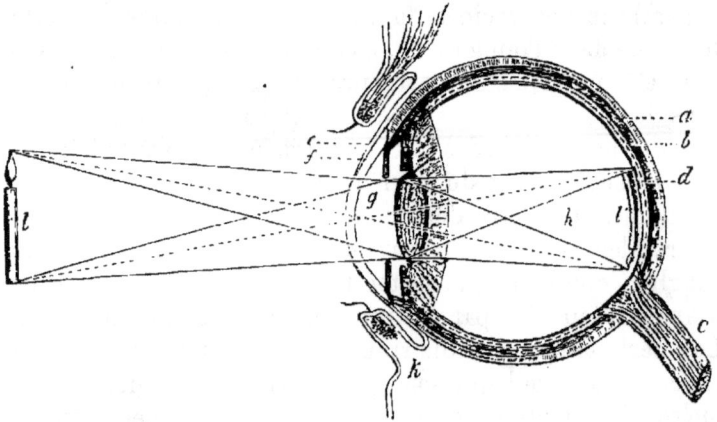

FIG. 97. Théorie de la vision.

a) sclérotique; — *b)* choroïde; — *c)* nerf optique; — *d)* conjonctive; — *f)* cornée transparente; — *g)* chambre antérieure et ouverture pupillaire; — *h)* humeur vitrée; — *i)* cristallin; — *k)* paupière inférieure; — *l)* corps lumineux dont l'image renversée se peint en *l'.*

Les autres phénomènes de la vue sont essentiellement

physiologiques; ils dépendent de la rétine ainsi que du nerf optique et de la partie du cerveau à laquelle ce nerf aboutit; ce sont des phénomènes de perception nerveuse.

L'adaptation de l'œil aux distances visuelles est au contraire un phénomène d'ordre purement physique, mais qui se trouve plus immédiatement que les autres phénomènes de cette nature sous la dépendance du système nerveux, parce qu'elle a pour but de faire concorder les images avec la surface sensible, c'est-à-dire avec la rétine de l'œil qui doit transmettre ces images au cerveau par l'intermédiaire du nerf optique.

Avant d'arriver à la rétine la lumière subit plusieurs déviations, qui toutes concourent, mais à des degrés différents, à la convergence de ses rayons et font que le cône lumineux qu'ils forment dans l'œil n'excède pas la longueur de cet organe, tandis que celui de leur trajet extérieur est souvent excessivement long. Les milieux réfringents de l'œil sont au nombre de trois, savoir : l'humeur aqueuse, le cristallin et l'humeur vitrée. La cornée transparente est une partie membraneuse qui possède aussi la même propriété.

Il en résulte que les rayons en passant de l'air dans l'œil commencent aussitôt à converger et cette convergence est calculée de manière à ce que leur foyer réponde à la rétine. Le cristallin, à cause de sa densité plus grande et de sa forme particulière, remplit dans l'œil l'office d'une véritable lentille, et nous avons déjà vu que sa surface était plus aplatie ou plus renflée suivant que la vue est plus longue ou au contraire plus courte.

Les deux yeux concourent à la vue et les perceptions qu'ils fournissent se complètent en se confondant. Il suffit pour s'en assurer de regarder alternativement de l'œil gauche et de l'œil droit. On en a une preuve plus convaincante encore par le stéréoscope.

La marche des rayons qui partent des objets extérieurs pour former une image sur la rétine est telle que ces objets viennent s'y peindre renversés. La pointe d'une flèche dressée se porte en bas; une bougie placée sur un flambeau a aussi sa flamme inférieurement. Cela peut être aisément vérifié sur un œil fraîchement préparé.

Il n'en résulte pas que nous voyions les objets à l'envers et l'habitude ou l'apprentissage de notre œil ne sont pas les seules causes qui nous permettent de les apercevoir tels qu'ils sont réellement. S'il en était ainsi, le sens de la vue et le sens du toucher se contrediraient, et, après avoir fermé les yeux, si nous voulions saisir un objet, nous le chercherions à une place opposée à celle qu'il occupe. On explique cette apparente contradiction en disant que les papilles sensibles constituant notre rétine voient les objets dans la direction des rayons que ces objets leur envoient et par suite à leur véritable place. Peu importe donc que les images soient renversées à la surface de la rétine; elles n'en sont pas moins perçues dans leurs rapports véritables et avec la position qu'ils occupent.

C'est la finesse des papilles nerveuses qui fait la délicatesse des sensations et l'on peut en juger par la petitesse des bâtonnets. Chaque fibrille nerveuse de la rétine reçoit des sensations distinctes et il n'y a de sensations particulières que celles qui sont perçues par des fibrilles différentes visuelles.

La rétine peut d'ailleurs être plus ou moins impressionnable suivant l'état sain ou maladif de sa structure. Quant à la netteté des images, elle dépend de la précision dans l'ajustement des humeurs et des autres parties de l'œil, ainsi que du degré de leur translucidité. L'ajustement des milieux de l'œil doit être réglé conformément aux distances visuelles.

C'est pour arriver à ce résultat que les hommes et les animaux agissent sur leurs yeux soit volontairement, soit involontairement de manière à en changer un peu le diamètre antéro-postérieur, à en élargir ou en rétrécir la pupille et à déplacer plus ou moins le cristallin, ce qui s'obtient principalement par l'injection sanguine des procès ciliaires et par l'action de fibres musculaires intérieures au bulbe oculaire. Le muscle ciliaire a sous ce rapport une action particulière. C'est lui qui modifie par ses contractions la courbure antérieure du cristallin.

Il existe dans l'œil des oiseaux un petit organe spécialement affecté aux mêmes usages; c'est le *peigne*, sorte de membrane plissée de nature contractile qui va de la choroïde au cristallin.

Les poissons possèdent derrière l'œil un ganglion sanguin, nommé *glande choroïdienne*, en rapport avec cet organe et qui paraît avoir une destination analogue.

Parties accessoires de l'œil. — Le bulbe oculaire constitue la partie réellement essentielle de l'appareil visuel. Il suffirait pour assurer la vision et chez beaucoup d'espèces inférieures il existe seul; il n'y a pas même de muscles pour le mouvoir. Alors la dureté de la cornée constitue dans beaucoup de cas son unique moyen de protection; c'est en particulier ce que nous observons chez les insectes. Mais dans les animaux vertébrés diverses parties voisines de l'œil se modifient de manière à rendre plus facile l'exercice des fonctions dont cet organe si délicat se trouve chargé; elles lui servent de moyens de protection et rentrent ainsi dans la catégorie de ce qu'on a appelé les organes protecteurs de l'œil (*tutamina oculi*). On comprend en effet combien il était indispensable que cet organe fût protégé contre les altérations que le choc des corps extérieurs, l'air, la poussière, l'eau, la lumière elle-même peuvent lui faire subir. C'est là le but que la nature a atteint par ce moyen.

Ainsi le crâne présente pour recevoir l'œil et l'y loger une *orbite*, excavation osseuse de sa région faciale, à la formation de laquelle concourent plus particulièrement les os frontaux, le sphénoïde et ses grandes ailes, l'os malaire, le maxillaire supérieur et un os à part, nommé lacrymal ou unguis.

Le globe oculaire est mis à l'abri dans l'intérieur de cette cavité et il y est mû par les *six muscles*, savoir les deux *muscles obliques* et les quatre *muscles droits*. Des *coussinets graisseux* le soutiennent et contribuent à amortir les chocs qu'il pourrait recevoir; ils le protègent en même temps contre la résistance des parois osseuses de l'orbite.

Malgré ces précautions, nous ressentons souvent les effets des pressions extérieures auxquelles notre œil est exposé et la rétine elle-même peut en être affectée. C'est de ces chocs que résultent les sensations lumineuses dont cette membrane est parfois le siége au milieu de l'obscurité lorsque l'œil vient à être frappé violemment. Ce sont là des sensations purement subjectives; Savigny leur a donné le nom de *phosphènes*.

Une membrane de nature muqueuse est également mise au service de l'œil; c'est la *conjonctive*, qui le relie aux cavités nasales, comme l'est de son côté la membrane de l'oreille moyenne par l'intermédiaire de la trompe d'Eustache. La réunion de la conjonctive avec la muqueuse du nez et celle de l'arrière-bouche se fait par le moyen des *pores lacrymaux* et du *canal nasal*.

La conjonctive est cette membrane si délicate et si douloureuse, lorsqu'elle est irritée, qui passe au devant du globe de l'œil. Elle tapisse aussi la face postérieure des paupières, et elle est, comme ces dernières, ouverte au devant de la cornée. Entre ses deux feuillets, l'un oculaire l'autre palpébral, sont versées les larmes destinées à humecter l'appareil visuel, à faciliter ses mouvements et à prévenir la dessiccation dont il serait atteint s'il n'avait pas ce moyen de fournir à l'évaporation constante dont il est le siége.

La *glande lacrymale*, ou sécrétrice des larmes, est située dans l'orbite, contre la paroi externe de cette cavité. Elle a de l'analogie dans sa structure avec les salivaires et son liquide renferme, comme la salive, quelques principes salins et organiques tenus en dissolution dans une grande proportion d'eau. Le principe spécial de nature organique qu'on doit principalement y signaler, est la *dacryoline*, dont la composition paraît très-peu différente de celle de la ptyaline, propre à la salive.

Dans les circonstances ordinaires, le liquide sécrété par

les glandes lacrymales est peu abondant. Il s'évapore en partie et l'excédant en est recueilli par les deux petits orifices que nous avons mentionnés, sous le nom de pores lacrymaux. Ils sont placés à l'angle interne de l'œil et servent chacun d'ouverture à un canal aboutissant à un tube plus considérable qui est le *sac lacrymal*. Si l'abondance des larmes augmente, les sacs lacrymaux droit et gauche en reçoivent une plus grande quantité qu'ils portent dans l'appareil nasal; si leur quantité augmente encore, elles tombent des yeux sur les joues. L'obstruction des pores lacrymaux amène le même résultat, et lorsque cet état se continue, les yeux restent larmoyants.

Les sacs lacrymaux passent dans une gouttière de l'os unguis et aboutissent auprès du cornet nasal inférieur. On voit à l'angle interne de chaque œil à côté des pores lacrymaux, qui conduisent aux canaux lacrymaux, un petit amas glandulaire, de couleur rose, appelé la *caroncule lacrymale*.

Certaines espèces de mammifères et d'oiseaux ont à l'angle interne de la cavité orbitaire une glande supplémentaire dite *glande de Harder* dont le canal est placé à la face interne de la membrane clignotante; sa sécrétion est épaisse et blanchâtre. Cette glande existe seule chez quelques animaux tels que l'éléphant, l'hippopotame, etc., qui manquent alors de glande lacrymale ainsi que de canal nasal. Dans ce cas, il n'y a plus communication entre les fosses nasales et l'extérieur par les pores lacrymaux, et les animaux qui sont ainsi conformés peuvent, en aspirant, exercer dans l'intérieur de leur nez un vide dont les mammifères ordinaires seraient incapables. C'est ce qui permet l'usage que l'éléphant peut faire de sa trompe comme moyen d'aspiration; dans l'hippopotame cette disposition paraît être en rapport avec le genre de vie amphibie de l'animal.

Quant aux *paupières*, ce sont essentiellement des organes protecteurs et ils occupent le premier rang parmi les *tutamina*. Chez l'homme et chez la plupart des vertébrés aériens, il y en a deux pour chaque œil, une supérieure, une inférieure; la supérieure est celle dont le rôle est le plus important. Les paupières sont des parties de la peau disposées en manière de voiles, qui sont rendues mobiles par un muscle dont les fibres sont disposées circulairement : le *muscle orbiculaire*. La supérieure possède en propre un *muscle releveur* et chacune est en outre soutenue intérieurement par une petite lame cartilagineuse, dite *cartilage tarse*.

Il résulte de la présence des paupières que l'œil peut se fermer et qu'il se trouve ainsi soustrait à la lumière. Ces voiles ont aussi la possibilité de ne se rapprocher qu'en partie, ce qui constitue l'action de cligner; ils diminuent alors leur ouverture de manière à ne donner accès qu'à une faible quantité de lumière. Quand le sommeil nous gagne, nous sentons notre paupière supérieure s'appesantir, et l'ouverture palpébrale reste fermée jusqu'au réveil, de manière à empêcher non-seulement l'entrée des rayons lumineux dans l'œil, mais aussi à mettre cet organe à l'abri de l'air et des poussières que cet air tient en suspension.

Les oiseaux possèdent une troisième paupière demi-transparente placée à l'angle interne de leur œil et qu'ils étendent sur cet organe lorsqu'ils veulent éviter l'action trop vive de la lumière sans fermer pour cela leurs véritables paupières. C'est la *clignotante* dont on trouve un rudiment chez beaucoup de mammifères.

Ces perfectionnements de l'appareil oculaire ne sont pas les seuls que nous ayons à signaler. Chez l'homme, les paupières sont en outre garnies, sur leur bord libre, de poils déliés, en forme de soies, qu'on nomme les *cils*. Ils constituent une sorte de herse destinée à défendre l'entrée de l'œil aux corps qui flottent dans l'air. De petites glandes, dites *glandes de Meibomius*, existent à la base des cils dans le bord libre des paupières et sécrètent une humeur grasse qui les enduit aussi bien que la gouttière palpébrale et s'oppose à ce que le liquide dont la conjonctive est humectée ne suive pas le chemin qui lui est tracé vers l'angle interne de l'œil par lequel il doit s'écouler dans le nez.

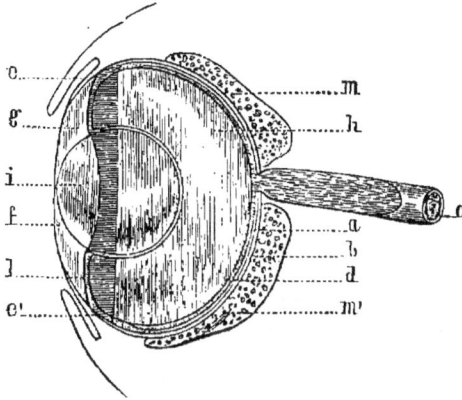

FIG. 96. — Œil de Poisson (*Thon*); coupe verticale.

a) sclérotique; — *b*) choroïde; — *c*) nerf optique; — *d*) rétine; — *e e'*) conjonctive, protégée par un ridement de paupière; — *f*) cornée transparente; — *g*) chambre antérieure renfermant l'humeur aqueuse; — *h*) humeur vitrée; — *i*) cristallin, entouré des procès ciliaires; — *l*) iris, en arrière duquel est le cercle ciliaire; — *m m'*) la glande choroïdienne.

Les *sourcils* concourent également à protéger les yeux; ils détournent la sueur qui pourrait descendre du front dans ces organes, et comme ils sont mus par un muscle particulier, le *muscle sourcilier*, ils peuvent se rapprocher l'un de l'autre ou se projeter en avant. Ils arrêtent ainsi dans leur marche les rayons qui arrivent trop verticalement et ils prennent dans leurs mouvements une part considérable dans le jeu de la physionomie.

Cependant il s'en faut de beaucoup qu'une pareille complication de l'appareil visuel existe toujours, et en descendant la série animale, on voit toutes les parties accessoires, qui constituent autant de perfectionnements, propres à l'œil des espèces supérieures, disparaître l'une après l'autre. L'œil des espèces inférieures ne comporte plus qu'une enveloppe, rendue transparente en avant, qui fonctionne à la fois comme cornée transparente et comme pupille, et qui

renferme une lentille cristalline en arrière de laquelle s'é-
panouit le cristallin.

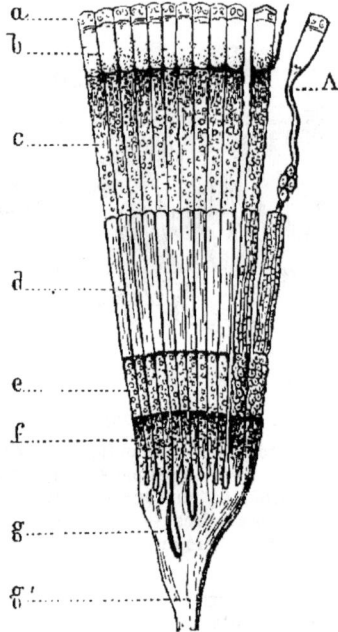

Fig. 99. — Portion de l'œil composé d'un Insecte (*Sphynx*), montrant plusieurs des petits yeux dont il est formé.

A — un de ces yeux séparé des autres et dépouillé de son enveloppe ou sclérotique.

a) facettes, répondant aux cornées ; — b) cristallins ; — c) prolongements
communs des nerfs rétinaires ; — d) partie prismatique des mêmes nerfs ; —
e) partie celluleuse des rétines ; — f) division des branches du nerf optique
—g et g') un des rameaux principaux du nerf optique commun et branches
qui en partent.

Les insectes ont des yeux de deux sortes, les uns isolés,
appelés stemmates, les autres réunis en nombre considérable ou yeux composés, dont les cornées forment une
multitude de petites facettes visibles à la loupe. La structure de ces derniers (fig. 99) a été étudiée avec beaucoup
de soin par les anatomistes, et les découvertes dont elle a
été l'objet n'ont pas été sans utilité pour la théorie générale
de la vision.

CHAPITRE XIV.

DU SENS DE L'OUIE.

De même que l'œil, l'oreille est comparable, dans sa structure, aux instruments dont nous nous servons en physique pour démontrer les propriétés de la matière, ou les manifestations qui s'y produisent, et une branche de cette science a également pour objet spécial les phénomènes qu'elle nous permet d'apercevoir ; cette branche est l'*acoustique*.

L'audition ou sens de l'ouïe, dont l'oreille est l'organe, acquiert chez les animaux supérieurs, particulièrement chez l'homme, une extrême délicatesse, en rapport avec le développement intellectuel de ces espèces. Non-seulement l'oreille leur permet d'entendre des bruits, c'est-à-dire de sentir les corps à distance par les vibrations qu'ils produisent et de juger de l'intensité de ces bruits ; elle leur donne aussi la connaissance du ton dans lequel ces bruits sont produits, ce qui tient à la rapidité, variable dans l'unité de temps, des vibrations qui les déterminent. Elle fait plus encore, puisqu'elle nous rend juges du timbre des sons perçus, et nous donne le moyen de reconnaître. même à égalité d'intensité ou à égalité de ton, les corps qui ont produit tel ou tel bruit et de les distinguer ainsi de tous les autres.

Si nous remarquons en outre que l'audition est possible quelle que soit la direction suivant laquelle les ondes

sonores arrivent à l'oreille et qu'elle conserve toute sa
finesse alors que l'obscurité a rendu impossible l'usage de
la vue, on comprendra de quel secours doit être, aux animaux les plus intelligents comme à ceux qui sont purement
instinctifs, un sens aussi parfait, et l'on ne s'étonnera pas
que l'appareil qui lui est affecté soit l'un des plus compliqués de tout l'organisme.

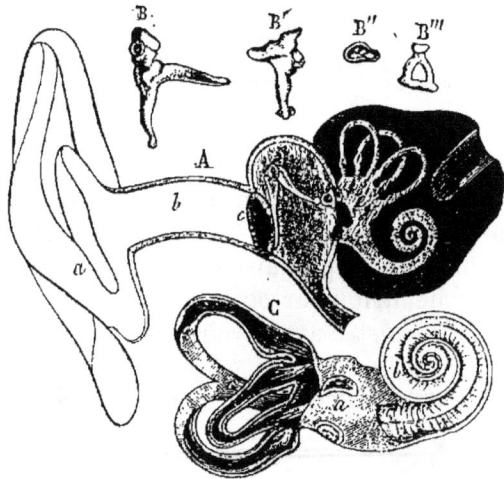

FIG. 100. — L'oreille et ses différentes parties.

A = figure théorique :
a) conque auditive ; — b) méat auditif externe, formant avec la conque l'o-
reille externe ; — c) membrane du tympan et oreille moyenne renfermant les
osselets de l'ouïe ; — e) le labyrinthe ou oreille interne, contenu dans le rocher.
B = les osselets de l'ouïe : b) le marteau ; — b') l'enclume ; — b'') l'os
lenticulaire ; — b''') l'étrier.
c = le labyrinthe : — a) vestibule : au-dessus de la lettre a est la fenêtre
ovale ; au-dessous, la fenêtre ronde ; — b) le limaçon ; — c) les canaux demi-
circulaires.

Mais cette complication et la difficulté de bien comprendre le rôle particulier des différentes pièces entrant dans la
composition de l'oreille ont, jusqu'à ce jour, empêché les
physiologistes et les physiciens d'établir la théorie définitive des phénomènes auditifs avec une précision compara-

ble à celle à laquelle on est arrivé en ce qui concerne les phénomènes visuels. Le rôle de plusieurs des organes dont l'ensemble de l'oreille est formé, reste encore à découvrir.

L'appareil de l'ouïe est placé à la tête, sur les parties latérales de cette région du corps, entre le troisième et le quatrième des segments osseux qui la composent. On le divise en trois séries d'organes constituants, suivant que leur position est extérieure, intermédiaire ou profonde, et on les nomme oreille externe, oreille moyenne et oreille interne.

Oreille externe. — Cette première série comprend la conque auditive, aussi appelée pavillon, et le méat auditif ou conduit extérieur de l'oreille.

La *conque* varie beaucoup dans sa forme, suivant les espèces chez lesquelles on l'observe ; elle est toujours plus étendue chez celles qui vivent dans des endroits déserts, éloignées par conséquent des autres animaux et obligées d'entendre à de grandes distances. Elle est affectée au recueillement des sons. Les mammifères en sont seuls pourvus et il est même certaines espèces, parmi eux, qui en manquent absolument, telles que les taupes, les rats-taupes, etc., qui vivent sous terre, et les cétacés, les sirénides, ainsi que la plupart des phoques, c'est-à-dire les animaux essentiellement aquatiques.

Chez l'homme, la conque est remarquable par son contour ovalaire, par le repli qui la borde dans toute sa partie supérieure et par le lobule graisseux qui la termine inférieurement. Celle des chauves-souris est souvent munie d'un prolongement qui semble la doubler intérieurement et qui sert d'obturateur lorsque ces animaux veulent se soustraire au bruit. On donne à cette partie le nom d'*oreillon;* c'est un prolongement du tragus. Il répond à la petite saillie cartilagineuse qui, dans l'oreille humaine, se remarque à la partie antérieure et moyenne de la conque, en avant du méat auditif. Il est très-développé dans l'oreillard (fig. 101).

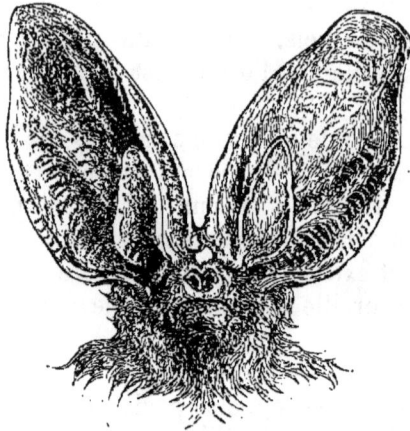

FIG. 101. — Tête de l'*Oreillard*, espèce de chauve-souris dont les oreilles et les oreillons ou tragus sont très-grands.

La conque est de nature fibro-cartilagineuse. Des muscles, en général plus développés chez les animaux que chez l'homme, sont spécialement affectés à cette partie et permettent, lorsque leur action est suffisamment grande, d'en diriger l'ouverture dans des sens différents, comme nous le voyons faire à l'âne, au lapin, au kangurou et à d'autres espèces qui tendent leur oreille externe dans la direction des bruits qu'elles veulent mieux entendre.

Le *méat auditif*, ou conduit de l'oreille externe, va du fond de la conque à l'oreille moyenne. Dans les animaux dépourvus de conque, plus particulièrement dans ceux qui sont aquatiques, il est muni à son orifice d'un muscle circulaire qui en permet la complète fermeture au gré de l'animal.

La membrane qui constitue ce tube présente de nombreuses glandules sébacées destinées à la sécrétion d'une matière grasse, de couleur jaune, appelée *cérumen*.

Oreille moyenne. — L'oreille moyenne, interposée à l'oreille externe et à l'interne, constitue une sorte de caisse aérienne servant à la répétition des sons recueillis par la conque et à leur transmission à l'oreille interne. Elle est logée dans une cavité osseuse qui se renfle d'une manière sensible chez les espèces plus capables que les autres de percevoir l'impression de bruits très-faibles, et elle est séparée de l'oreille externe par une membrane fibreuse, tendue de manière à vibrer sous l'influence des ondes sonores qui arrivent par le méat auditif externe. Cette membrane est le *tympan*, que supporte un petit cadre osseux fourni par la partie écailleuse de l'os temporal. La partie solide de la caisse est elle-même une dépendance de cet os, ou du moins elle se joint à lui peu de temps après la naissance.

Deux autres parties membraneuses, comparables au tympan, sont tendues à la manière du tympan lui-même à la partie opposée de l'oreille moyenne ; ce sont la fenêtre ovale et la fenêtre ronde. Leur présence justifie la comparaison que l'on a établie entre l'oreille moyenne et un tambour. Seulement la seconde surface vibrante de l'oreille moyenne, au lieu d'être simple comme la première, c'est-à-dire comme le tympan, est divisée en deux parties appliquées chacune sur l'une des deux fenêtres dont il vient d'être question et qui dépendent de l'oreille interne.

Comme l'est aussi une caisse de tambour, l'oreille moyenne est remplie d'air. Cet air doit y conserver son élasticité et se maintenir à une pression égale à celle de l'air extérieur, car il est destiné à répéter les vibrations sonores que celui-ci apporte au tympan. Ce but se trouve atteint par la communication de l'intérieur de la caisse avec l'air atmosphérique au moyen de la *trompe d'Eustache*, espèce de tube qui va de la caisse jusque dans l'arrière-bouche et dont l'obturation, par des mucosités endurcies ou par l'épaississement de ses propres parois, devient une cause fréquente de surdité.

L'analogie de l'oreille moyenne avec un tambour est complétée par la présence des osselets de l'ouïe, qui sont une chaîne de quatre petites pièces osseuses, allant de la membrane du tympan à la membrane de la fenêtre ovale. Cette chaîne en se raccourcissant ou s'allongeant sous l'action des petits muscles qui s'y insèrent, tend ces membranes ou les détend et renforce ainsi les sons ou les atténue. Quoique placée à l'intérieur de la caisse auditive, elle répond évidemment aux cordes placées en dehors d'un tambour, puisqu'elle sert, comme elles, à modifier la tension des membranes appliquées aux deux extrémités de la caisse (fig. 100 B et 102).

Les osselets de l'ouïe sont le *marteau*, en rapport avec le tympan; l'*enclume*, sur laquelle porte le marteau; le *lenticulaire*, de très-petite dimension, et l'*étrier*, ainsi appelé de sa forme. La platine de l'étrier porte sur la fenêtre ovale.

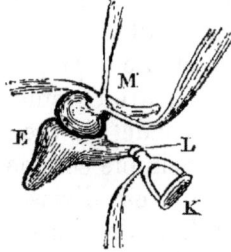

FIG. 102. — Osselets de l'ouïe, vus dans leurs rapports naturels; figure grossie.
m) le marteau et ses muscles; — *e*) l'enclume; — *l*) le lenticulaire; — *k*) l'étrier et son muscle.

Oreille interne. — C'est le véritable bulbe de l'oreille, et son ensemble, qui prend le nom de *labyrinthe*, est contenu dans une pièce osseuse d'une grande densité, appelée, à cause de cela, *rocher* ou os pétreux. On y distingue trois parties, savoir : le vestibule, les canaux demi-circulaires et le limaçon. Un canal osseux, dit *méat auditif interne*, y conduit le nerf spécial de la sensation auditive ou nerf acoustique (portion molle de la septième paire).

Le labyrinthe osseux est rempli par un appareil de même forme que lui, mais membraneux et qui renferme un liquide comparable à une sorte de gelée, représentant dans l'appareil de l'audition les humeurs de l'œil. Le *labyrinthe membraneux* est divisé, comme le labyrinthe osseux, en vestibule, canaux demi-circulaires et limaçon. C'est dans son intérieur que s'épanouissent les divisions du nerf acoustique chargées de percevoir les sensations auditives, et à cet égard ces nerfs peuvent être comparés à la rétine, puisqu'ils sont aussi des agents de sensibilité spéciale. Ils ne perçoivent, il est vrai, que des sons ou même de simples bruits.

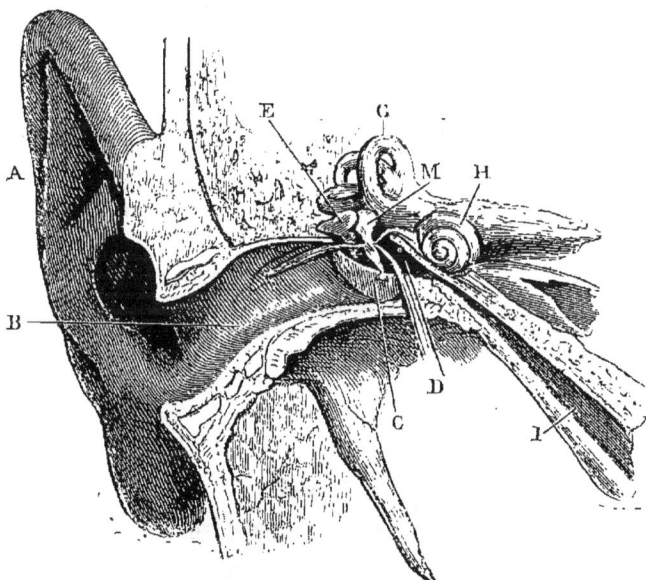

FIG. 103. — Oreille humaine.

a) conque auditive ; — b) méat auditif externe ; — c) membrane du tympan ; — d) caisse du tympan renfermant les osselets de l'ouie ; — m) marteau ; — e) enclume ; — t) trompe d'Eustache ; — h) limaçon ; — g) canaux demi-circulaires.

Le *vestibule* renferme en suspension dans l'humeur dont il est rempli de petites concrétions calcaires, qui chez les poissons osseux constituent une pièce solide assez volumineuse appelée *otolithe* ou *pierre de l'oreille*.

C'est au point de contact du vestibule et de l'oreille moyenne qu'existe la fenêtre ovale sur laquelle s'applique la platine de l'étrier.

Le vestibule est la partie fondamentale de l'oreille interne.

Les *canaux* appelés *demi-circulaires* à cause de leur forme sont au nombre de trois. Ils aboutissent également au vestibule, mais par cinq ouvertures seulement, deux d'entre eux se réunissant par une de leurs extrémités avant d'opérer leur jonction à la cavité commune. Leur autre extrémité se renfle en ampoule auprès de son embouchure. Une des extrémités du canal, resté entièrement indépendant des deux autres, présente aussi une dilatation ou ampoule. Ce canal occupe une position intermédiaire aux deux autres et est dirigé horizontalement.

Quant au *limaçon*, il doit son nom à sa ressemblance avec la coquille ainsi appelée. Il est formé par une sorte de tube contourné en spirale serrée, exécutant deux tours et demi et divisé intérieurement suivant sa longueur par une sorte de rampe ou cloison incomplète en deux parties, dont l'inférieure aboutit à la fenêtre ronde et dont l'autre va directement dans le vestibule.

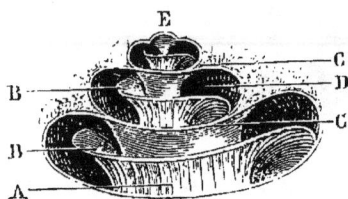

FIG. 104. — Le limaçon, coupé obliquement pour montrer les deux tours et demi qu'il forme et la lame spirale intérieure qui le divise en deux rampes.

a) la lame spirale extérieure est la lame des contours; — *b b*) lame spirale intérieure, séparant les deux rampes et sur laquelle s'étendent les terminaisons (*a*) du nerf acoustique, propres à cette partie de l'oreille interne; — *c*) séparation du deuxième tour d'avec le troisième; — *d*) rampe supérieure, vue au second tour; — *e*) sommet du limaçon.

On établit en principe que l'oreille de l'homme, lorsqu'elle a été suffisamment exercée, peut classer des sons depuis ceux qui comportent trente-deux vibrations par seconde jusqu'à ceux qui en comportent soixante-treize mille. Certaines espèces entendent des sons tellement graves que notre oreille ne peut les percevoir, et il en est qui, ayant un limaçon plus élevé que le nôtre, peuvent au contraire percevoir des sons si aigus qu'ils nous échappent. Les chauves-souris sont particulièrement dans ce dernier cas.

Le limaçon de l'oreille paraît nous donner la sensation des tons et les canaux demi-circulaires celle du timbre. Lorsque le vestibule existe seul, comme chez les mollusques, il n'y a sans doute d'autre sensation auditive que celle du bruit et l'audition est alors confuse.

Beaucoup d'animaux vertébrés manquent d'oreille externe et leur tympan est superficiel ou caché sous la peau; les lézards sont dans le premier cas.

Chez les oiseaux et chez les reptiles l'oreille moyenne ne renferme qu'un seul osselet allant du tympan à la fenêtre ovale.

Les batraciens et les poissons manquent de limaçon, et chez les seconds l'oreille est réduite au labyrinthe qui, lui-même, ne se compose plus alors que des canaux demi-circulaires et du vestibule.

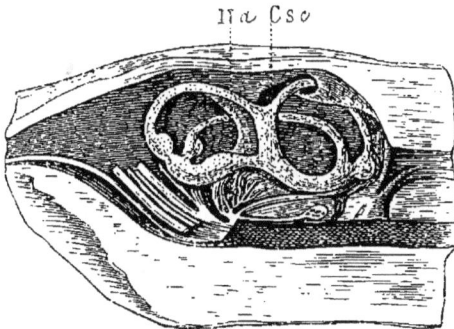

FIG. 105. — Oreille de la *Raie*; ouverte.

N *a*) nerf acoustique et sa division dans le vestibule; — c s c) canaux demi-circulaires.

La présence de l'oreille a été constatée chez un certain nombre d'animaux sans vertèbres ; celle des mollusques est réduite à une capsule en communication avec le nerf auditif et qui représente un vestibule tout à fait rudimenaire.

CHAPITRE XV.

PRINCIPALES DIFFÉRENCES ANATOMIQUES ET PHYSIOLOGIQUES EXISTANT ENTRE LES DIVERSES CLASSES D'ANIMAUX.

Quelques naturalistes ont exprimé cette pensée que toutes es espèces animales tenant de la nature des moyens suffisants pour accomplir leur rôle au sein de la création et assurer leur existence par la propagation de nouveaux individus, on devait les regarder, par cela même, comme possédant un égal degré de perfection. Mais on en concluerait à tort que ces espèces, quelle que soit d'ailleurs la classe à laquelle elles appartiennent ou le rôle qui leur a été assigné, possèdent des organes également parfaits et que leur stucture est également compliquée. C'est le contraire que l'on observe dès que l'on examine avec quelque attention l'ensemble des animaux ou des végétaux et qu'on les compare entre eux, pour chaque règne. L'égalité de perfection n'est pas davantage admissible si l'on envisage séparément chaque individu dans chacune des espèces connues et qu'on le suive lui-même dans les différents âges de sa vie.

Dans beaucoup d'espèces, la structure anatomique des parties se modifie avec le temps; certains organes disparaissent, tandis que d'autres, qui n'existaient pas d'abord, ne tardent pas à se montrer, et ce n'est qu'en passant par une série de véritables métamorphoses que l'animal s'élève de la forme d'œuf sous laquelle il avait d'abord apparu à celle durant laquelle il revêtira tous les attributs de son espèce.

Les animaux qui se rapprochent le plus de l'homme par leur conformation anatomique sont surtout remarquables à cet égard, et pourtant, dans aucun d'eux la complication des organes ou leur degré de perfection n'est comparable à ce que l'on observe dans notre espèce. Néanmoins, les animaux supérieurs de même que les animaux les plus simples naissent d'ovules, c'est-à-dire de petites sphères organisées, comparables aux graines des végétaux, et dont les œufs des oiseaux peuvent nous donner une idée.

Il faut en conclure que c'est en s'élevant individuellement et d'une manière graduelle au delà de la forme simple qui les caractérise sous l'état d'œufs, que les animaux, même ceux dont la structure est la plus parfaite, acquièrent la supériorité organique qui les distingue, et les différences qui séparent les espèces ou les genres d'une même classe résultent souvent d'un arrêt plus ou moins précoce dans leur développement ou de changements dans la manière dont se fait leur évolution. Chaque espèce animale doit parvenir à un degré déterminé de l'échelle organique, et les écarts que certains sujets présentent accidentellement sous ce rapport, constituent des anomalies, ou ce qu'en termes vulgaires on nomme des monstruosités.

L'étude comparative des animaux propres aux anciennes époques géologiques avec ceux qui vivent actuellement rend ce fait plus facile à saisir. Elle nous montre que pour un même groupe naturel les espèces des premiers temps sont inférieures en organisation à celles qui leur ont succédé. Les mollusques céphalopodes, les poissons et les mammifères, qui sont plus complétement connus sous ce rapport, nous en offrent des exemples remarquables. Ainsi les espèces de la dernière de ces classes, dont on trouve les débris enfouis dans les terrains tertiaires, étaient inférieures par les caractères de leurs membres, de leurs dents, et même de leur cerveau, à leurs analogues d'aujourd'hui, et l'on observe des différences correspondantes dans la structure des sélaciens ou des céphalopodes anciens comparés aux espèces qui représentent maintenant ces deux groupes d'animaux.

Les détails consacrés à l'ensemble du règne animal que nous avons précédemment exposés dans cet ouvrage, nous ont familiarisés avec cette grande vue de la perfection crois‑ sante des organismes. L'ensemble des animaux peut en effet être partagé en plusieurs groupes principaux, dont nous avons parlé sous le nom d'embranchements ou types, et ces embranchements ont des caractères bien différents les uns des autres. Envisagés dans leur ensemble, ils sont évidem‑ ment inférieurs les uns aux autres et leurs espèces respec‑ tives présentent à leur tour de grandes inégalités d'organi‑ sation ; en même temps leurs fonctions sont loin d'acquérir le même degré de perfection.

Que l'on compare un protozoaire à un radiaire, un ra‑ diaire à un animal articulé et à un mollusque, ou encore une espèce de l'un ou de l'autre de ces deux derniers types à un vertébré et l'on reconnaîtra qu'au point de vue de leurs fonctions, comme au point de vue du degré de per‑ fectionnement de leur organisation, ces animaux relèvent de conditions essentiellement différentes. La complication graduelle des organismes se montrera ainsi dans toute son évidence quoique la nature ait assigné à tous les êtres des fonctions communes et que leurs organes résultent de l'association d'éléments histologiques pour la plupart iden‑ tiques.

Le moyen qu'elle a employé pour réaliser cette perfec‑ tion graduelle consiste à confier à des organes successive‑ ment plus perfectionnés et de plus en plus différents les uns des autres les actes physiologiques propres à chaque animal et à multiplier en même temps ces actes en les diversifiant. De même dans l'industrie nous voyons la division du travail l'emporter par la supériorité de ses produits sur le tra‑ vail exécuté à l'aide d'un outillage plus simple, ou qui n'est pas exclusivement affecté à l'objet pour lequel on l'emploie. La nature varie la forme des organes en vue des fonctions dont elle a doté chaque être et un même organe, examiné dans des espèces différentes, peut y être affecté à des usages également différents. Des modifications souvent légères suffisent pour amener un pareil résultat.

La nature n'a employé dans la construction des animaux organisés qu'un nombre relativement restreint de matériaux; mais en variant leur disposition, en les appropriant aux conditions diverses de l'existence de ces êtres, en répétant certain d'entre eux sous des formes différentes dans le corps d'une même espèce ou en leur laissant au contraire sur d'autres points ou dans d'autres espèces toute leur uniformité, enfin en modifiant pour chaque grand embranchement le plan général de l'organisation, elle a obtenu cette prodigieuse multiplicité d'animaux dont la structure anatomique est toujours si sagement appropriée aux fonctions dévolues à chacun d'eux, ainsi qu'au rôle qu'ils doivent remplir au sein de la création.

FIN.

9978 — Imprimerie générale de Ch. Lahure, rue de Fleurus, 9, à Paris.

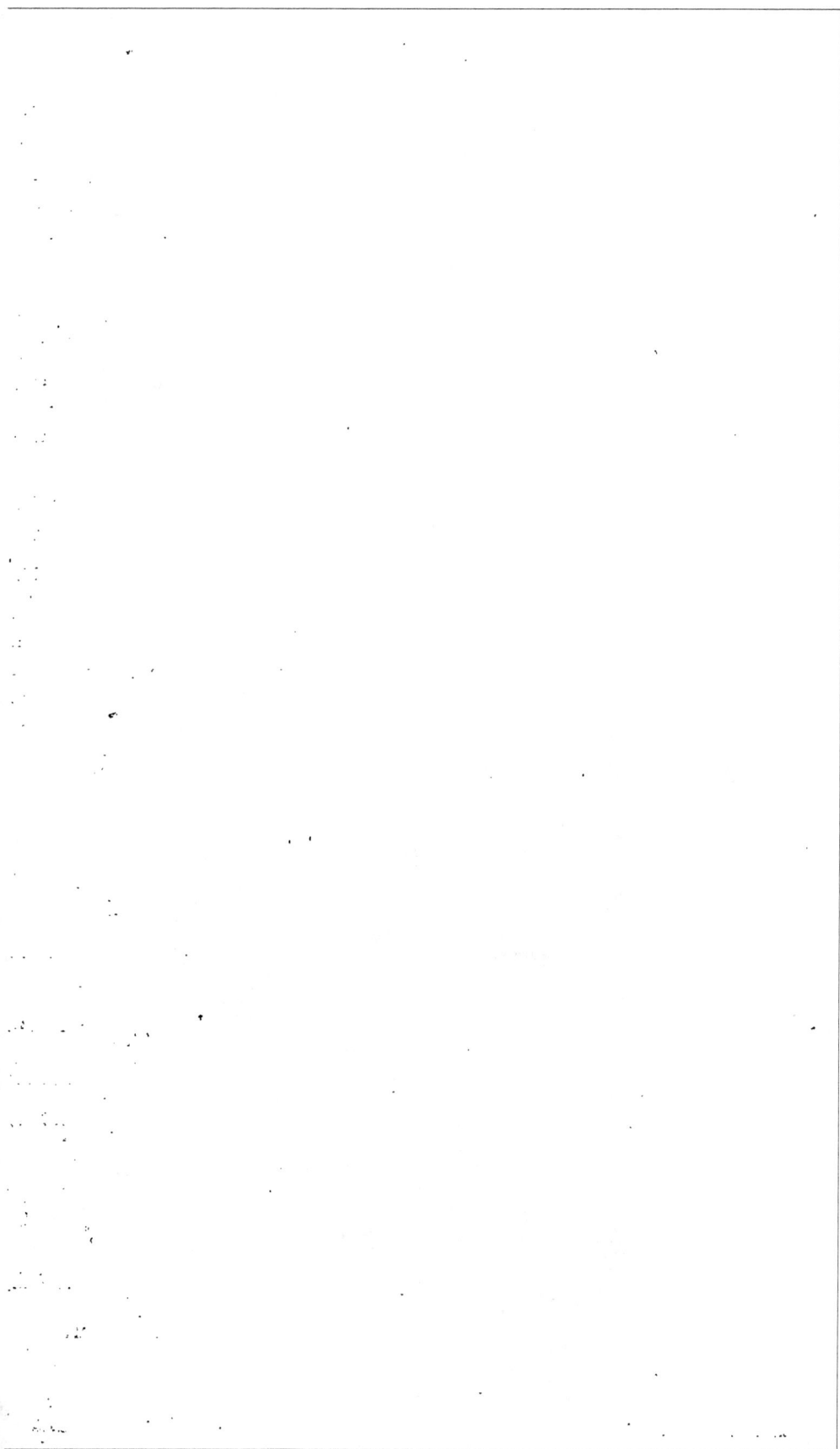

NOUVELLES PUBLICATIONS
RÉDIGÉES CONFORMÉMENT AUX PROGRAMMES OFFICIELS DE 186?
POUR L'ENSEIGNEMENT SECONDAIRE SPÉCIAL
(Tous les volumes ci-après sont imprimés dans le format in-18 jésus et cartonnés

LANGUE FRANÇAISE.

Grammaire de l'enseignement secondaire spécial, par M. Sommer. 1 vol. 1 fr. 50.

Lectures ou dictées, par M. Lelion-Damiens, économe du collège Rollin (année préparatoire et 1re année). 3 vol. :
  Tome I, contrées agricoles. 1 fr. 50.
  Tome II, contrées commerciales. 1 fr. 50.
  Tome III, contrées industrielles.

Premiers principes de style et de composition, par M. Pellissier, professeur au collège Chaptal (2e année). 1 vol. 1 fr. 50 c.

Morceaux choisis des classiques français (prose et vers). adaptés au précédent ouvrage. 1 vol. 1 fr. 50 c.

Principes de rhétorique française, par M. Pellissier (3e année). 1 vol. 3 fr.

Morceaux choisis des classiques français (prose et vers), adaptés au précédent ouvrage. 1 vol. 2 fr. 50 c.

Textes classiques de la littérature française, extraits des grands écrivains français, avec notices biographiques et bibliographiques, appréciations littéraires et notes explicatives, par M. Demogeot (3e année). 2 vol. 6 fr.

GÉOGRAPHIE ET HISTOIRE.

Géographie de la France, par M. Richard Cortambert (année préparatoire). 1 vol. 1 fr.
  Atlas correspondant. Grand in-8°.

Géographie des cinq parties du monde, par M. E. Cortambert (1re année). 1 vol 1 fr 80 c.
  Atlas correspondant. Grand in 8°.

Géographie agricole, industrielle, commerciale et administrative de la France et de ses colonies, par le même auteur (2e année). 1 vol. 2 fr
  Atlas correspondant Grand in-8°.

Géographie commerciale des cinq parties du monde, par M. Richard Cortambert (3e année). 1 vol.
  Atlas correspondant. Grand in- 8°.

Simples récits d'histoire de France, par MM. Ducoudray et Feillet (année préparatoire). 1 vol avec gravures. 2 fr. 50 c.

Simples récits des histoires ancienne, grecque, romaine et du moyen âge, par les mêmes (1re année). 1 vol 3 fr. 50 c.

Histoire de la France depuis l'origine jusqu'à la Révolution française, et grands faits de l'histoire moderne de 1453 à 1789, par M. Ducoudray (2e année) 1 vol. 3 fr. 50 c.

Histoire de France et histoire générale depuis 1789 jusqu'à nos jours, par le même auteur (3e année). 1 vol. 3 fr. 50 c.

Histoire moderne et contemporaine, depuis 1643 jusqu'à nos jours (4e année). 1 vol. 4 fr. 50 c

ARITHMÉTIQUE ET COMPTABILITÉ.

Éléments d'arithmétique, par M. Pichot, professeur au lycée Louis-le-Grand (année préparatoire et 1re année). 1 vol. 2 fr. 50 c.

Arithmétique élémentaire, par M. Hovie-Lapierre, professeur à l'École normale de Cluny (année préparatoire et 1re année). 1 vol.

Cours d'arithmétique commerciale, par M. E. Jeanne, professeur à l'École supérieure du Commerce (2e année). 1 vol. 3 fr.

Cours de comptabilité, par M. Courcelle-Seneuil (1re, 2e, 3e et 4e années). 4 vol. Chaque volume, 1 fr. 50.

GÉOMÉTRIE, TRIGONOMÉTRIE, ALGÈBRE, GÉOMÉTRIE DESCRIPTIVE

Géométrie, par M. Saint-Loup, professeur à la Faculté des sciences de Strasbourg :
  Année préparatoire (géométrie plane). 1 fr.
  Prem ère année (géométrie plane). 2 fr
  Deuxième année (géom. dans l'espace). 1 fr.

Principes d'algèbre, par MM. H. Sonnet et E. Jean (3e et 4e années). 1 vol. 2 fr. 50 c.

Cours élémentaire de géométrie descriptive, par M. Eizes (3e et 4e années). 2 vol. 5 fr.

Traité élémentaire de trigonométrie rectiligne, par M. Dovier-Lapierre, professeur à l'École normale de Cluny (4e année). 1 vol. in-8, broché, 2 fr.

Notions élémentaires de trigonométrie rectiligne, par M. Bezodis (4e année). 1 vol. 1 fr. 50 c.

Notions élémentaires sur les courbes usuelles, par le même (4e année). 1 vol. 2 fr.

HISTOIRE NATURELLE, PHYSIQUE, CHIMIE, MÉCANIQUE, COSMOGRAPHIE

Éléments de zoologie, par M. Gervais, professeur à la Faculté des sciences de Paris ;
  Notions préliminaires (1re année, 1re partie) 1 vol. 2 fr. 50.
  Mammifères (année préparatoire et 1re année, 2e partie) 1 vol.
  Oiseaux, Reptiles. Batraciens, Poissons et animaux sans vertèbres (2e année). 1 vol.
  Anatomie et physiologie des animaux (3e année). 1 vol.
  Zoologie appliquée à l'agriculture, à l'industrie et à l'hygiène (4e année). 1 vol.

Éléments de botanique, 3 volumes :
  Année préparatoire, 1re et 2e années. 2 vol.
  Troisième et quatrième années (classification et usages des plantes). 1 vol. 3 fr.

Éléments de géologie, par M. Raulin (année préparatoire, 1re, 2e, 3e et 4e années).

Cours élémentaire de physique, par M. Gossin, professeur au prytanée de La Flèche :
  Première année. 1 vol. 3 fr.
  Deuxième année. 1 vol 3 fr.
  Troisième année. 1 vol. 3 fr.
  Quatrième année. 1 vol.

Éléments de chimie, par MM Dehérain et Tissandier :
  Première année. 1 vol. 1 fr. 50.
  Deuxième année. 1 vol. 2 fr. 50.
  Troisième année. 1 vol. 3 fr.
  Quatrième année. 1 vol.

Cours de mécanique, par M. Ed. Collignon, répétiteur à l'École polytechnique :
  Troisième année 1 vol.
  Quatrième année 1 vol.

Éléments de cosmographie, par M. Amédée Guillemin (3e année). 1 vol. 3 fr. 50.

LÉGISLATION, MORALE, INDUSTRIE ÉCONOMIE POLITIQUE.

Éléments de législation usuelle, par M Delacourt, avocat, docteur en droit (3e année). 1 vol.

Éléments de législation commerciale et industrielle, par le même auteur (4e année). 1 vol. 3 fr.

Éléments de morale, par M. A. Franck, membre de l'Institut (3e et 4e années). 1 vol.

Les grandes inventions scientifiques et industrielles, par M L. Figuier (4e année). 1 vol. 1 fr. 5

Cours d'économie rurale, industrielle et commerciale, précédée de *Notions d'économie politique*, par M. Levasseur (4e année). 1 vol.

Imprimerie générale de Ch Lahure, rue de Fleurus, 9, à Paris. — Mai.